图说
建筑
设计

图说室内设计制图

（ 第 2 版 ）

GRAPHIC ILLUSTRATION OF INTERIOR DESIGN DRAWING

张峥华 薛加勇 赵思嘉 著

U0247684

同济大学出版社
TONGJI UNIVERSITY PRESS
·上海

第二版前言

随着时代发展和社会的进步，人们对美好生活的向往日益强烈。以习近平同志为核心的党中央坚持以人民为中心的发展思想，在高质量发展中保障和改善民生，不断满足人民对美好生活的新期待。在人居环境方面，人民群众对室内空间环境的追求日趋多元化、个性化、品质化。室内设计工作要满足的目标也从功能诉求向审美诉求转化，从物质诉求向精神诉求转化。在新的趋势下，室内设计从业者更应该明确价值追求、坚定文化自信，用专业的设计来践行"人民群众对美好生活的向往，就是我们的奋斗目标"的重要使命。

"为人民而设计"需要设计者根据当前社会发展的新趋势，从根本上转变对设计的思考，用设计的语言回应社会需求，并将头脑中的美好设想转化为直观的图纸进行描述和表达。落实到室内设计的教学工作中来，就需要强调全过程的设计推进，即在设计的不同阶段用相应的图纸语言来进行演绎，充分论证，协同深化，响应"增进民生福祉，提高人民生活品质"的指示，最终打造出一个个内涵丰富、形式出彩的室内设计作品。

本书按照室内设计工作通常所采用的设计流程，对各个阶段的制图方法进行了全方位、全过程的展现，并注重覆盖到多手段、多形式的表现方法，从而引导学生重视设计的整个过程，牢记"设计为人民服务"的初心和使命，掌握各种必要的表达技巧，进而深入理解科学的设计方法。针对专业的学习特点，内容的主要编排形式是通过大量的图纸范例结合必要的理论阐述，使读者能够充分理解和领会，也便于在自己的设计过程中进行学习和借鉴。书中的主要范例均来自笔者多年教学过程中的优秀学生作品，展现出了图纸表达的多样性，尤其对初学者具有非常重要的指导意义。

本书由张峥、华耘、薛加勇和赵思嘉共同写作完成，融汇了各位老师数十年来在教学和实践工作中所积累的经验及成果，也得到了同济大学继续教育学院广大师生的大力支持，在此表示由衷的感谢。在室内设计方面，无论是设计还是制图，都需要融入工匠精神，不断精心打造、追求完美。书中内容如有不足和疏漏之处，恳请专家和读者批评指正。

目 录

第 1 章

制图的基本知识

1.1 制图类型

图纸是设计师表达设计想法并进行展现的一种"语言"。室内设计制图就其目的而言，主要有两个：一是将设计师头脑中的构想由抽象转化为具象，反映到图纸当中，便于与业主或其他有关人员进行沟通交流；二是作为设想转变为现实的依据，将清晰、完整、规范的图纸交付到施工建造者的手中，由他们最终付诸实施。

根据设计者使用工具的不同，图纸的绘制可以分为三大类：徒手绘图、手工工具制图和计算机绘图。

1.1.1 徒手绘图

徒手绘图是指不借助其他绘图工具，而仅仅依靠笔来绘制完成的图纸。由于绘制的阶段和表达的目的不同，又可以分为徒手草图和徒手线条图。

⊙ **徒手草图** ①—③

通常用于方案构思阶段，用以捕捉设计的灵感或想法，通过简单、随意的线条进行表达，将设计概念高度抽象地表达出来，供设计过程中进行思考或筛选方案使用。因此徒手草图多数情况下是供设计师或设计团队内部思考研究，并不为展现给他人看，强调的是笔随心动，将心中的想法快速而直接地用笔勾画出来。

徒手草图的绘制特点在于，没有特定的表现手法，无须关注太多细节，常用粗略概括的线条进行勾画，或者是线面结合的方式进行表达，也可以辅以明暗或者色彩，使其更具表现力和感染力。为了更详细地记录下设计师的想法，还可以在图上结合一些文字或者符号进行补充说明。

绘制徒手草图时通常宜选用粗且深（2B以上）的铅笔或一次性针管笔。纸张应表面光洁，可以根据个人喜好进行选择（如拷贝纸、普通白纸、速写纸等）。半透明的拷贝纸由于可以蒙在原图上绘制，方便快捷，是比较理想的草图纸。

⊙ **徒手线条图** ④—⑥

通常用于方案表达阶段，基本要求与手工工具制图类似。其优势在于，一方面具有手工工具制图的准确、严谨，另一方面又体现出徒手线条的轻松与灵性。

线条要流畅而挺秀，不能反复涂抹，线条本身应该充满自信，具有力度。

① 徒手草图与建成实景对照

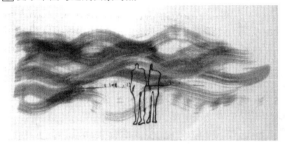

（a）用粗略的线条体现出设计所追求的空间效果（人在空间中体验到的连绵起伏、交叠变化的感受）。

图片来源：*Japan Interior: Shops，Showrooms and Others* VOL.3

（b）实景照片中草图的线条已转化为具体的室内构件：波浪形的隔墙、展示台等。

② 使用马克笔表现的徒手草图

用一次性针管笔勾勒出简练的线条，并用马克笔简单上色表达出基本的明暗及空间关系，便于进一步地推敲方案。

③ 使用彩色铅笔表现的徒手草图

用彩色铅笔勾出空间轮廓,并辅以明暗,体现其层次变化和形态特征。粗犷的笔触不拘一格,强烈的整体效果设计感十足。

④ 徒手线条绘制的效果图

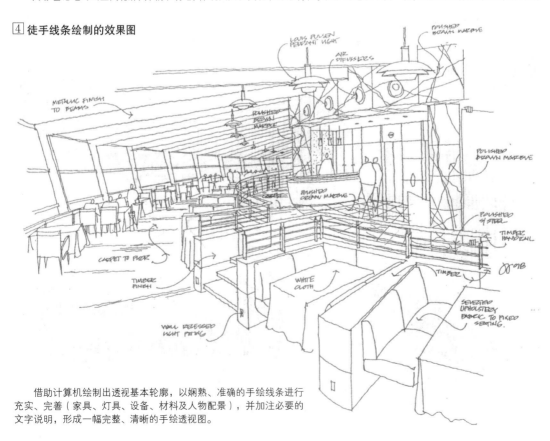

借助计算机绘制出透视基本轮廓,以娴熟、准确的手绘线条进行充实、完善(家具、灯具、设备、材料及人物配景),并加注必要的文字说明,形成一幅完整、清晰的手绘透视图。

⑤ 徒手线条绘制的平面方案图

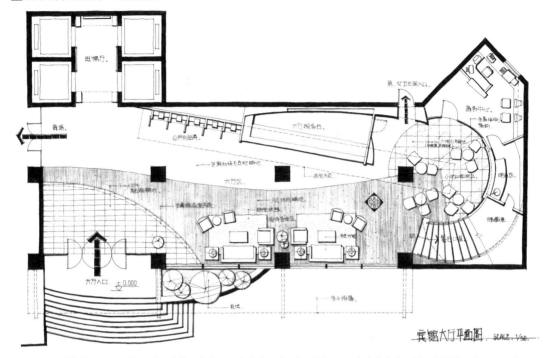

用徒手线条绘制平面方案图时,墙体和柱体用黑色涂实,地面部分材质可用灰色线条表现材质与铺装形式,呈现出明确的黑白灰层次;家具、绿化等布置略加阴影,以增加立体感。

⑥ 徒手线条绘制的剖面图

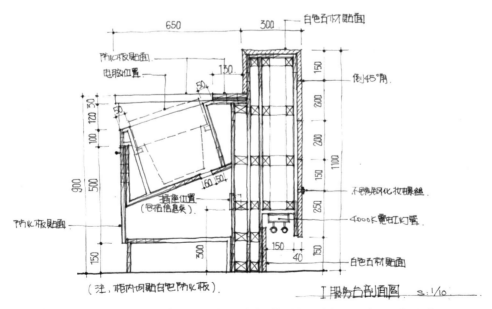

手绘的服务台剖面节点图,线条清晰、比例准确、表达完整,材质、文字及尺寸标注严谨而规范。

1.1.2　手工工具制图

手工工具制图①—④指的是把纸张固定在图板上，借助各种工具（丁字尺、三角板、圆规、比例尺、曲线板、模板、铅笔、针管笔和橡皮等）完成图纸绘制工作。手工工具制图是设计师必须掌握的基本技能，只有熟悉了制图的要求和规则，会正确使用各种工具，才能准确而迅速地绘制出设计图纸。

虽然在实际工作中，计算机制图基本上取代了烦琐的手工工具制图，但是作为一项基本技能，能够熟练地进行手工工具制图依然具有积极意义。

首先，手工工具制图更直观、更明确。无论是线型的设置、比例的运用，还是数字及文字的大小，设计师在绘制时都能清楚地感受并加以控制。而使用计算机制图，设计师所能看到的仅仅是屏幕上的图面显示，真实的纸面效果只有打印出来才能显现。

其次，手工工具制图是快速设计的一种方式。无论是在实际工作中，还是各种类型的快题考试中，利用制图工具将设计图纸在短时间内绘制出来，是设计师必备的职业技能。

最后，手工工具制图也是计算机绘图的基础。设计师通过运用各种工具进行图纸绘制，一方面养成了严谨的工作作风，另一方面也加深了对制图理论和技巧的理解，是计算机绘图的必要基础。

⊙ **手工工具制图方法和技巧**

（1）遵循良好的制图顺序：

"先上后下，先左后右"，减少尺子或人体对画完部分可能产生的摩擦；

"先曲后直，便于连接"，曲线的定位受制于工具，往往不如直线好控制。

（2）正确处理线条的交接：

线条交接时应确保其精确地连接在一起，不能够出现断开的空隙。在快速设计时，可以用线条搭接的方式表现，但搭接的线条也不宜出头太多。

（3）绘制时注意用力均匀，有助于线条粗细一致、通顺流畅。

①手工工具绘制的平面图

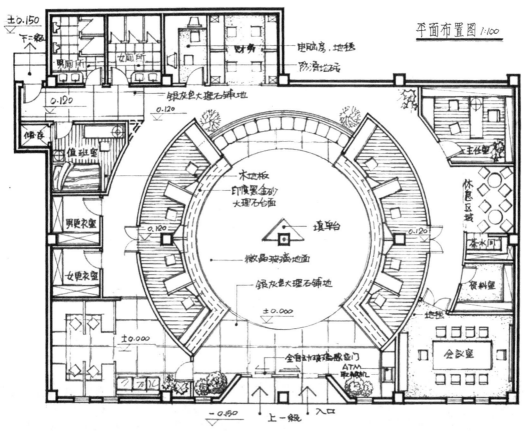

平面布置图 1:100

依靠丁字尺、三角板和圆规画出主要空间构图，而门、桌椅、洁具等小图块则用相应比例的建筑模板绘制，绿化、床单、地毯等徒手绘制；为了使表达墙体的粗线笔直均匀且转角方正，在其两侧用细线压边。

②手工工具绘制的立面图

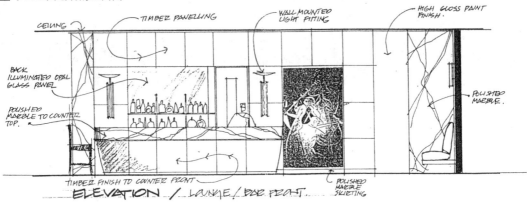

ELEVATION / LOUNGE / BAR FRONT.

天花、地板、墙体和吧台等横竖线条借助尺子画出，干净利落；器皿、大理石纹理、灯具及家具等徒手绘制；墙面的壁画在扫描后用Photoshop添加。本图体现了手工工具制图的工整性，也具备徒手绘制的灵动性和电脑图片细腻写实的特点。

③ **手工工具绘制的透视图1**

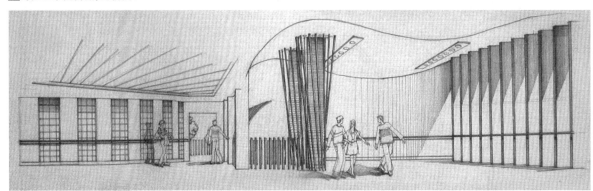

　　在色卡纸上用线条准确、清晰地表现出空间造型，波浪形的曲线借助于蛇尺绘制，并通过排线的疏密变化来表达曲面、光影、材质等，丰富画面的明暗层次。

④ **手工工具绘制的透视图2**

　　在深色的卡纸上用灌注白色墨水的针管笔绘制线条，主要的长线条借助直尺、蛇尺等工具画出，细节处的线条和表现材质质感的线条则靠徒手表现。这种深色背景、白色线条的图纸显得更饱满而有张力。

1.1.3 计算机绘图

计算机绘图 1 — 4 是指运用计算机，通过绘图软件，在显示设备上实现图形的显示及绘图的输出。计算机绘图具有高效率、高精度、图面清晰和便于修改与管理等优点。

室内设计专业的常用软件主要有AutoCAD、Photoshop、3Dmax、SketchUp等，其中：

AutoCAD主要用来绘制线条图，运用于设计的各个阶段，可绘制方案设计中的平面图、顶面图、立面图等基础图纸和全套的施工图。

Photoshop主要用来进行图像处理，可以对方案设计图进行彩色渲染，对电脑效果图进行后期处理，或者进行图纸的版面设计等。

3Dmax主要用于绘制电脑效果图，进行三维建模，赋予材质，设置灯光，并最终渲染出特定角度的场景图像。

SketchUp主要用于建立三维模型，较适用于体现粗略的效果，其建模流程简单明了，设计师可以运用SketchUp进行十分直观的构思。

不同的软件在专业设计与绘图工作中各有分工，扮演着不同的角色，但经常需要互相配合、协同作战来完成设计任务。所以学习计算机绘图并不是简单地学会几个软件的基本操作，而是要能够灵活操作、综合运用，使之最终为设计工作服务。

计算机绘图是室内设计师的基础工作技能，在现实的设计过程中，大量的事务性工作基本都要依赖计算机进行深化与完善。尤其在科技飞速发展的今天，计算机技术本身也在不断更新与发展，甚至已经深深地影响到了设计理念和设计方法。如犀牛软件（Rhino）可以更方便地进行复杂曲面形体的建模与定位，并结合材料技术推动室内空间异形形体的设计潮流；而3D打印技术在室内设计领域的引入更是能用实体模型的方式来研究和展示设计效果。

因此要掌握先进的设计理念和方法必须要学习各种新兴的计算机技术，因为即使是传统的设计软件也会定期更新版本，需要不断地学习和适应。

1 SketchUp制图

用SketchUp软件进行建模、贴材质和渲染输出，缺少真实的光影效果，主要表现设计师在设计中的造型手法和材质运用。

2 3Dmax与Photoshop制图

用3Dmax软件进行建模，赋予材质，然后设置灯光，并渲染出接近设计效果的场景画面，最后利用Photoshop软件添加植物、陈设等配景，丰富图面内容。

3 SketchUp与Photoshop制图

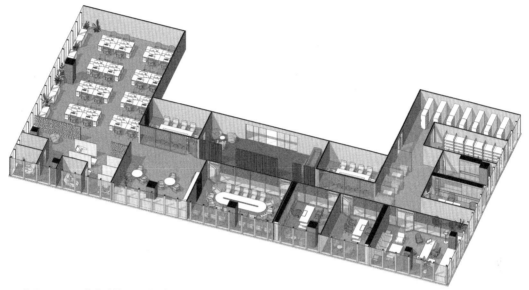

    使用SketchUp软件建模，分别导出线稿和阴影两张图片，进入Photoshop软件进行色彩填充，添加植物等配景后进行合并，表现出清新明快的画面风格。

4 SketchUp与Photoshop制图

    主要使用SketchUp和Photoshop两个软件绘制完成。画面不具有真实的灯光和材质效果，明暗及色彩变化完全靠设计师的感觉来控制，体现出设计师对空间造型和单纯色调的强烈追求。

1.2 制图工具和纸张选用

古人云："工欲善其事，必先利其器。"室内设计手工工具制图过程中需要借助的工具种类繁多，对于设计师而言，熟练掌握与运用各种工具是必备的基础技能。

对于初学者而言，第一要能够正确使用各种工具，准确地绘制出不同的图纸，第二则是在此基础上不断提高效率，进一步加快作图速度。手工工具制图比较传统，透过线条能看出设计师绘制时的用力程度、移动速度等特点，徒手绘制的图纸更能体现出设计师的手绘能力，并带有鲜明的个性特征，图面上工程字体的书写也会因人而异。

在设计的不同阶段，图纸绘制与表达的特点应与该阶段要表现的重点相一致，合理选择恰当的工具和纸张尤为重要。比如在概念草图阶段，可以选择粗铅笔在拷贝纸上反复勾画粗略的形态轮廓，而在设计成果阶段，则需要选用比较细的笔在厚一些的纸上画出更多的细节。

常用的制图工具有图板、丁字尺、三角板、比例尺、各式模板、曲线板和各种笔（针管笔、记号笔、铅笔等）等。而设计师常用的纸张也种类繁多，主要有普通白纸或白卡纸（厚度不同）、拷贝纸、硫酸纸、色卡纸和胶片纸（仅限于打印）等。

1.2.1 制图工具

⊙ 图板

绘图所用的图板一般都是两面木夹板，边框用实木条封边做成的中空板，规格有0号（90cm×120cm）、1号（60cm×90cm）、2号（45cm×60cm）。由于计算机绘图的普及，对于室内设计的学生来讲，手工绘制大幅面图纸的机会越来越少，选用一块便于携带的2号图板作为必备会更实用。优质的图板应该是实木边平滑笔直，板面平整。

⊙ 丁字尺和三角板

丁字尺是配合图板使用画水平线的基本工具，其长度应与图板的大小相配套，即1号图板选用1号丁字尺，2号图板选用2号丁字尺。三角板与丁字尺结合使用，可以绘制出垂直线，也可以绘制30°、45°、60°及各种角度的斜线（视情况选择标准三角板或可调角度的三角板）。

绘图时应确保丁字尺紧贴图板边缘上下移动，三角板紧靠丁字尺左右平移，这样才能保证画出精确的水平线和各种角度的线条。为了保持图面清洁，应尽量减少来回擦蹭，在绘图顺序上应尽量遵循"自上而下，从左至右"的原则。

⊙ 比例尺

比例尺是手工绘图时便于精确读数的一种换算尺，绘图时一般需要把物体的真实尺寸按照一定的比例进行缩小，才能够画在给定的纸张上。比例尺直接完成了这种换算，只需量出对应的长度即可。比如在1∶50的比例下，1m的长度画在图纸上应该是1 000mm/50=20mm，而用比例尺画图则无须计算，只要在1∶50的刻度栏里直接量出1m即可。

比例尺基本上有三棱尺和直尺两种不同形式，常见的比例尺一般通用于整个建筑设计领域里，比例为1∶100，1∶200，1∶300，1∶400，1∶500，1∶600，而室内设计中常用的比例则为1∶2，1∶5，1∶10，

1∶20，1∶30，1∶40，1∶50，1∶60等，因此在用比例尺进行读数时要注意相应的缩位。如用1∶50的比例画出1m的长度，则在1∶500的比例尺刻度上需要找出10m的长度位置。

⊙ 模板

模板种类很多，有家具模板、圆模板、椭圆模板以及数字模板等。借助模板可以快速准确地进行绘制和书写，也便于完成一些不易绘制的标准图形（如家具模板可以方便地绘制马桶、沙发等）。

选用家具模板时需注意模板的比例，常见的家具模板有1∶50和1∶100的比例，要根据自己设计图纸的比例进行相应的选择。需要注意的是，由于模板是用塑料板镂空制成的，有些线条并不连续，需要在用完模板后把线补全。

⊙ 圆规与曲线板、蛇尺

圆规可以用来绘制不同大小的圆和截自于圆上的弧线。半径较小的圆和弧线用圆模板画起来会容易一些。圆规分自带笔头和可固定其他笔两种类型，具体使用可以视个人习惯而定。

当绘制自由曲线时，需要借助曲线板和蛇尺。两者的区别在于曲线板是硬质塑料板，所画曲线要从模板已有的样条中进行选择，还经常需要拼接绘制；而蛇尺由弹性材料制成，可以根据要求直接弯曲出连续的曲线。

⊙ 笔

笔的种类很多，在室内设计制图中使用的主要是铅笔、彩色铅笔、针管笔和马克笔。根据不同阶段和目的选用合适的笔，有助于图纸的绘制和设计的表达。

1）铅笔

铅笔芯主要由石墨制成，其深浅和硬度直接影响所绘制的线条。通常2B以上的铅笔用于绘制草图，其特点是清晰明确、线条流畅；而打底稿时则选择硬度高且色浅的铅笔（如HB，甚至2H的铅笔），利于保持图面的整洁。

根据笔芯的替换性不同，铅笔分为木铅笔和活动铅笔，木铅笔是将笔芯和包裹的木头黏合在一起，笔芯的粗细比较固定；而活动铅笔根据笔芯的粗细有多种选择，如0.3mm，0.5mm，0.7mm，2.0mm等。有一种5.6mm的活动铅笔，画出的线条比较粗犷，特别适合设计初期画概念草图，也被称作草图笔。

2）可灌墨针管笔和一次性针管笔

可灌墨针管笔即传统意义上的针管笔，其笔尖是纤细的金属管，可以画出一定粗细的线条，并能够保证线条均匀一致，因此是工程制图最理想的画线工具。针管笔的规格是依据其笔尖口径，从0.1mm到1.2mm有多种不同选择。在室内设计制图中至少应备有细、中、粗三种不同粗细的针管笔。可灌墨针管笔画线精美，但需要加注墨水，并且应定期清洗。

一次性针管笔的笔尖是由纤维材质制成，画线流畅且无须保养，特别适用于草图、速写以及快速绘制的图纸。其笔尖会伴随着笔的使用而磨损变短，直至无法使用。一次性针管笔虽然也有粗细不同的各种规格，但相同规格下画出来的线条一般明显比可灌墨针管笔要粗一些，而且画出的线条较难保证其粗细一致。

3）彩色铅笔

彩色铅笔的笔芯由含色素的染料固定成笔芯形状的蜡质接着剂（媒介物）制成，通常分为非水溶性和水溶性两种。非水溶性彩色铅笔由于含有较多蜡质，多涂几次就会打滑且很难叠色，通常不用于室内设计绘图；而水溶性彩色铅笔上色比较容易，便于叠色，用毛笔湿润还可以做出类似水彩的效果，适用于不同的表现方式。

4）马克笔

马克笔是本身含有墨水，用硬质笔头绘图的一种彩色笔，通常分油性和水性两种。前者的颜色柔和，具有快干、耐水的特点，多次叠加不会伤纸，且有较强的渗透力，尤其适合在硫酸纸上作图；后者的颜色亮丽有透明感，但多次叠加后颜色会变灰，容易损伤纸面，适合在质地较紧密的卡纸或铜版纸上作画。在室内设计的绘图中，油性马克笔的使用更为普遍。

1.2.2　纸张选用

⊙ **图纸幅面规格**

图纸幅面指的是图纸的大小，简称图幅。标准的图纸以A0号图纸1189mm×841mm为幅面基准，通过对折共分为5种规格。[1]，[2]

图纸的短边尺寸不可变，长边可加长，加长的尺寸应符合规定。[3]

图纸规格的选用通常和设计阶段及项目类型有关。方案设计阶段，文本通常都为A3规格，而展板常用A1规格。施工图阶段，小型公共建筑室内设计或住宅室内设计，由于面积不大，宜采用A3规格的图纸，便于打印和复印；而面积较大的公共建筑室内设计则一般要用A1或A2的纸张。A4的纸张较少用来绘图，一般用于图纸目录和图表的制作。

⊙ **图纸图框**

室内设计进入施工图阶段时所绘制的图纸，为了便于管理装订和信息读取，必须使用统一标准的图框。图框必需包括标题栏、图框线、幅面线、装订边线和对中标志。如果设计图纸需要水、电、消防等相关专业负责人会签，则在图纸装订一侧设置会签栏（即为各工种负责人签字用的表格），不需要会签的图纸可不设会签栏。

不同设计单位的图框形式有所不同，但需满足基本尺寸规定，现列举常见的两种图框形式。[4]

标题栏的主要内容包括设计单位名称、工程名称、图纸名称、图纸编号以及项目负责人、设计人、绘图人、审核人等项目信息。

⊙ **纸的种类与用途**

可用于绘图的纸张种类众多，不同纸张的差别主要体现在其表面的吸收性、透明度、颜色和厚度等。[5]

如何选择纸张应该结合处于哪个设计阶段和纸张的特点。在草图阶段由于需要反复修改和推敲，用量比较大，半透明的拷贝纸可以重叠复制，且价格低廉，是不错的选择。市面上的拷贝纸有单张和成卷出售两种类型，颜色有白色、淡黄色和淡蓝色等选择。

硫酸纸除了用于晒制工程蓝图外，在手工绘制中可以利用其半透明和厚韧结实的特点来绘制正草图，或者进行快速设计时使用。但由于硫酸纸纸面比较光滑，铅笔或针管笔在绘图时会略显不好控制，通常不建议用于概念草图的绘制。

正式图纸一般需要绘制在不透明的纸张上（用于晒蓝图的硫酸纸除外）。有时为了表现需要，也可以选用浅色或有纹理的纸张。水彩纸吸水性强，适用于大面积水彩或水粉渲染，它在绘制前必须裱糊在图板上。照相纸由于能够表现比较细腻的打印效果，往往用于效果图和展示图的喷绘，根据表面光泽的不同，照相纸分为高光相纸和亚光相纸两种。就效果而言，高光相纸光泽度高，显得色彩鲜艳、光亮清晰，而亚光相纸具有磨砂效果，看起来比较素雅沉稳。

1 标准图幅示意图

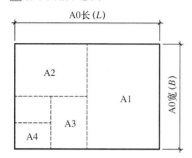

2 图纸幅面尺寸（单位：mm）

尺寸代号	幅面代号				
	A0	A1	A2	A3	A4
长（L）×宽（B）	1 189×841	841×594	594×420	420×297	297×210
c	10			5	
a	25				

注：L、B、c、a参见 4

3 图纸加长尺寸（单位：mm）

幅面尺寸	长边尺寸	长边加长后尺寸
A0	1189	1486，1635，1783，1932，2080，2230，2378
A1	841	1051，1261，1471，1682，1892，2102
A2	594	743，891，1041，1189，1338，1486，1635，1783，1932，2080
A3	420	630，841，1051，1261，1471，1682，1892

4 图框形式与尺寸

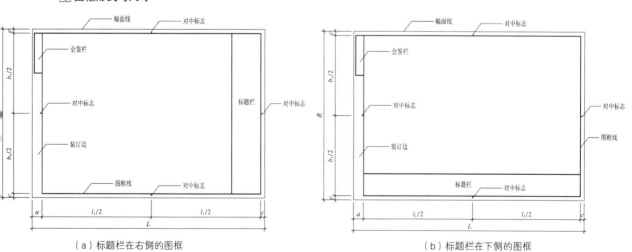

（a）标题栏在右侧的图框　　　　　　　　（b）标题栏在下侧的图框

5 纸张类型与用途

设计阶段	纸张名称	特点	用途	备注
草图阶段	拷贝纸	半透明，比较薄	构思草图	
	硫酸纸	半透明，有一定厚度	正草图、快题表现	
正图阶段	白卡纸	白色，质地细腻	正图	手工或打印
	色卡纸	有底色或纹理	正图	手工或打印
	水彩纸	有条纹，吸水性好	正图	需要裱糊
	相纸	表面光滑	正图	仅限打印
	蓝图	蓝色，保存时间长	正图	由硫酸纸绘制后转印

1.3 图纸的基本类型

按照设计过程，室内设计图纸可以分为：方案图、施工图和竣工图。

按照图纸表现方式，室内设计图纸可以分为：概念草图、分析图、效果图和工程图等。

按照出图和成果方式，室内设计图纸可以分为：文本和展板。

在同一专业的一套完整图纸中，也包含多种内容，这些不同的图纸内容要按照一定的顺序编制：先总体，后局部；先主要，后次要；布置图在先，构造图在后；底层在先，上层在后。

而一套完整的室内设计施工图纸应包括装饰和设备安装两大部分，涉及结构改造的还需有相应的结构图纸。其编排顺序如下：封面，图纸目录，设计说明，装饰施工图（平面图、顶面图、立面图、剖面图、构造节点图、详图），给水平面施工图，排水平面施工图，电气施工图等。

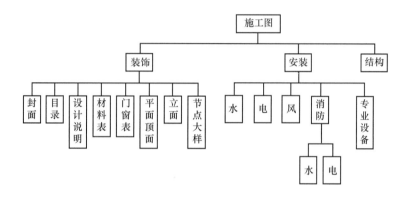

第 2 章

图纸绘制原则与规范

2.1　图纸比例与线宽

2.1.1　图纸比例

图纸上图样必须按照比例绘制（透视图除外），比例能够在图幅上真实地体现物体的实际尺寸。比例的符号为"："，比例应以阿拉伯数字表示，如1：1，1：30，1：100等。绘图时根据不同类型的图纸需要选择不同的比例。①

2.1.2　线宽及线型

工程图是由线条组成的，为了表达工程图样的不同内容，并能够分清主次，需使用不同线宽和线型的线条。

1）每个图样绘制前，应根据复杂程度与比例大小，先确定基本的线宽b，再选用表中相应的线宽组。②

2）常用绘图线型有实线、虚线、单点长画线、双点长画线、折断线和波浪线六类。其中前四类线型根据使用用途可以再分为粗、中、细三种不同的宽度，而后两类线型通常只用作细线。③

3）设计图中不应出现彩色的线条，一般均采用黑色，清晰明朗。为了增加层次或者弱化密集度，可以适度地使用灰度，但灰度不宜低于70%。

4）室内设计工程图的计算机绘制一般都用AutoCAD软件来完成，在绘制时还应注意以下三点：

（1）尽量用色彩（COLOR）控制线条的宽度，少用多义线（PLINE）等有宽度的线，以加快图形的显示，尽量缩小图形文件的数据量。

（2）颜色的选择应该根据打印时线条的粗细来选择。线条越宽，就应该选用越亮的颜色；反之，线条越细，就应该选用越暗的颜色（如8号色或类似的颜色），便于在屏幕上直观地反映出线条的粗细层次。

（3）白色是属于0层和DEFPOINTS层的，其他图层最好不要使用白色。0层不宜用来画图，可用于定义块，即在定义块时，先将所有图形元素均设为0层，再定义块，插入块时是哪个层，所插入的块就属于哪个层。

1️⃣ 绘图常用的比例

平面常用比例	1：50，1：60，1：100，1：150，1：200，1：300
立面常用比例	1：20，1：30，1：40，1：50，1：60
详图常用比例	1：1，1：2，1：5，1：10

2️⃣ 线宽比和线宽组（单位：mm）

线宽比	线宽组			
b	1.0	0.7	0.5	0.35
$0.7b$	0.7	0.5	0.35	0.25
$0.5b$	0.5	0.35	0.25	0.2
$0.25b$	0.25	0.18	0.13	0.10

3️⃣ 线型规格与用途

名称	线型	宽度	主要用途
粗实线	——————	b	平、剖面图中建筑构件被剖切到的轮廓线；立面图中的外轮廓线；详图中被剖切到的实物轮廓线
中实线	——————	$0.5b$	平、剖面图中次要构件被剖切的轮廓线；平、立、剖面图中构配件的外轮廓线
细实线	——————	$0.25b$	图形线、图例、尺寸线、各种符号等
中虚线	— — — — —	$0.5b$	不可见的轮廓线，如平面图中的高窗或上层的投影轮廓线
细虚线	— — — — —	$0.25b$	图例线，如石材断面中的虚线等
点划线	—·—·—·—	$0.25b$	中心线、对称线、定位轴线
双点划线	—··—··—	$0.25b$	假想轮廓线、成型前原始轮廓线
折断线	 ——/\——	$0.25b$	断开界线
波浪线	 ∿∿∿∿	$0.25b$	构造层次局部断开界线

2.2 文字与标注

2.2.1 文字

⊙ **文字种类与字体选择**

在绘制设计图纸时，除了要选用各种线型绘出物体，还要用最直观的文字表述，表明其位置、大小，说明施工技术要求。文字与数字，包括各种符号的标注是工程图的重要组成部分。因此，对于表达清楚的设计图来说，适合的线条加上美观的标注是必需的。用计算机绘制时要注意以下三个问题：

（1）用于图纸名称或图中标明主要空间的字体（如平面图、顶视图或者房间名称），可选用黑体或宋体等TrueType字体（实心填充字），看起来比较清晰有力。⓵

（2）图中注解字体（如材质说明、家具设备的标注等），如果数量比较多，宜选用大字体（线构成的SHX字体），以便加快图形的显示，合理控制图形文件的数据量。⓶

（3）展板中的标题字，由于字数少、规格大，需要引起注意，可以与其他字体不一致，根据表现效果来选择。

⊙ **字体书写原则**

（1）同一套图纸中的字体种类不应超过两种（标题字除外）。

（2）文字的尺寸不宜超过三种规格，且应有明确的大小等级控制，如标题字最大，图纸的名称字次之，图中字体最小。

（3）文字的高度，宜选用3mm，5mm，7mm，10mm，14mm，20mm，手写汉字的字高一般不小于5mm。

（4）同一套图不同页面中的字体要保持一致性，且不应受比例及幅面的影响。

（5）中英文以及阿拉伯数字结合使用时，字体的选用要彼此协调。字母和数字的字高不应小于2.5mm，与汉字并列书写时，字高可小一至二号。

⊙ **手写字体注意事项**

（1）为了保证书写整齐，在写之前应该用铅笔打好格子再进行书写，而且通常都应该顶格写（即字的最长笔画要顶到方格的四条边线），少数"围"形字可略缩格。

（2）宜用具有工程图特征的方块字，"点""撇""捺""钩"等笔画应用粗细一致的线条来表现，且搭接清晰，字形饱满。⓷

1 常用图纸名称的表达方式

平面布置图　1:50　　　　平面布置图　Scale:1:75

一层平面布置图
1F PLAN　SCALE: 1:100

首层平面布置图　　　　　01层平面布置图
SCALE: 1:80　　　　　　PLAN SCALE 1:100

Ⓐ　客厅立面图 1:50　　　　Ⓐ　客厅立面图
E-01　　　　　　　　　　E-01　　　Scale : 1/25

2 常用图中标注的表达方式

墙面白色乳胶漆　　　　12厘夹板

6mm 镜钢不锈钢框边

3 设计师常用的手写"方块字"

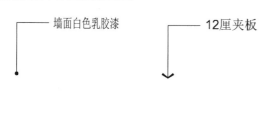

平面布置图吊顶平面图立面展开图

2.2.2 尺寸标注

在设计图中，绘制的图形必须通过尺寸标注[1]才能让读图者准确地掌握其真实的大小。尺寸标注应当正确、清晰、完整，在注写过程中还要注意一定的标注顺序，要有条理，才不会出现误标或者漏标。

在设计的不同阶段，尺寸标注的详细程度有所不同，标注的具体要求应根据该阶段图纸表达的目的来确定。方案图阶段，图纸标注通常需要说明其空间或轮廓的基本尺寸，分段尺寸或内部的细节尺寸可以忽略。如果尺寸标注过多或过密，反而会影响对图形本身的关注。而施工图阶段，应该清晰地表达出各个部分的尺寸定位，所以尺寸标注必须连续、完整，不能有所遗漏，否则给施工方传递出含混的信息，会带来麻烦。尺寸较多时，应分道标注，便于对细节和整体的把握。

尺寸标注的组成要素是尺寸线、尺寸界线、尺寸起止符号和尺寸数字，四者共同组成一个整体，并与被标注的图形形成恰当的位置关系。标注尺寸比较多时，应注意合理地分布，尽量避免交叉和局部过于拥挤，保证图面效果。[1]

（1）尺寸线：用细实线绘制，一般应与被注长度平行。图本身的任何图线不得用作尺寸线。

（2）尺寸界线：用细实线绘制，与被注长度垂直，其一端应离开图样轮廓线不小于2mm，另一端宜超出尺寸线2~3mm。通常情况下，尺寸界线的引出段要明显长过其超出段。必要时图样轮廓线可用作尺寸界线。

（3）尺寸起止符号：一般用中粗斜短线绘制，其倾斜方向应与尺寸界线成顺时针45°，长度宜为2~3mm；也可用黑色小圆点绘制，其直径宜为1mm。半径、直径、角度与弧长的尺寸起止符号，宜用箭头表示。

（4）尺寸数字：图上的尺寸应以数字为准，不得从图上直接量取。当出现连续标注尺寸是均分关系时，可以在控制总尺寸的前提下不标写具体数字，而都以"EQ"（即EQUAL的缩写）代替。尺寸单位在室内设计制图中除标高外，无特别说明的均为mm。

尺寸数字原则上应标注在水平尺寸线的上方和竖直尺寸线的左方，且位于靠近尺寸线的中部位置。如果标注位置相对密集，注写位置不够时，可以错开或者引出注写。

[1] **尺寸标注要素**

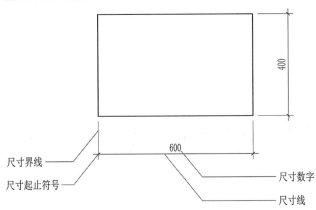

尺寸界线

尺寸起止符号

400

600

尺寸数字

尺寸线

2.2.3　标高符号

在建筑室内设计中，标高符号①采用直角等腰三角形或者90°对顶角的圆来标示，用细实线绘制，通常以该室内所处楼面的地坪高度为标高的相对零点位置，低于该点时前面要标上负号，高于该点时不加任何符号。

标高符号主要用于平面图和顶面图中的高度标注，也可在立面图或剖面图中来标示顶、地或构件的标高位置。标高符号及数字的大小要适宜，以图面的清晰整洁为准。

标高数字应以m为单位，标注到小数点后三位。采用三角形标高符号时，三角形的尖端应指至被标注高度的位置。尖端一般向下，也可向上。

① 标高标注示例

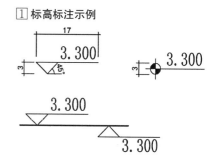

2.3 索引符号

2.3.1 立面索引符号

立面索引符号也称作立面指向符号，用以在平面图上表示该室内立面的位置及立面图所在图纸编号。由于平面图中信息比较多，立面索引符号要注意放置位置，不要与其他内容重叠或造成图面拥挤，也可单独绘制立面索引平面图，或者用引出线将索引符号引到平面图的外部。

立面索引符号应表示视点位置、方向、立面标号和该立面图所在图纸的编号。

立面索引符号通常由圆圈、水平直径和等腰直角三角形箭头共同组成，圆外的三角形部分涂黑，其他均为细实线绘制。圆圈内注明立面编号及索引图所在图纸编号，三角形箭头方向与投射方向一致，且圆圈中水平直径、数字及字母的方向保持不变，即不管箭头指向何方，数字及字母始终正写。1

1 立面索引符号示例

（a）　　　　　　　　　　　　　　（b）

2.3.2 剖切索引符号

剖切索引符号，用以表示剖切面在界面上的位置及图样所在的图纸编号，应在被索引的界面或者图样上使用剖切索引符号。

1 剖切索引符号示例

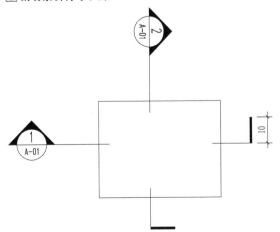

剖切索引符号由圆圈、直径组成，圆及直径应以细实线绘制。圆圈内注明编号及索引图图纸编号。剖切索引符号的三角形箭头指向与投射方向一致，圆中直径、数字及字母（垂直于直径）的方向与三角形箭头方向保持一致。1

② 剖切位置线示例

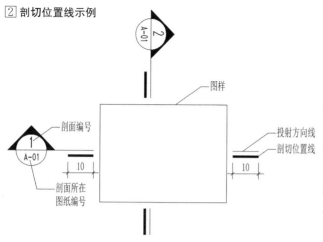

完整的剖切符号是由剖切索引符号、剖切位置线和投射方向线共同组成的。剖切位置线位于图样被剖切的部位，以粗实线绘制，长度宜为8~10mm；投射方向线平行于剖切位置线，由细实线绘制，一段应与索引符号相连，另一段长度与剖切位置线平行且长度相同。绘制时，剖切符号不应与其他图线接触。也可以采用国际统一和常用的剖视方法。②

2.3.3　详图索引符号

详图索引符号用以表示局部放大图样在原图中的位置及该图样所在图纸编号，应在被索引图样上使用详图索引符号。

详图索引符号由圆和水平直径组成，圆及水平直径应以细实线绘制，索引详图的引出线应通过圆心。水平直径上半部的数字是详图的编号，下半部的数字是详图所在的图纸编号。当引出图与被索引的详图在同一张图纸内时，应在下半圆中间画一段水平细实线。

索引图样时，应以引出圈将放大的图样范围完整圈出，并由引出线连接引出圈和详图索引符号。图样范围较小的引出圈应以圆形粗虚线绘制，范围较大的引出圈用有弧线倒角的矩形粗虚线绘制，也可以用云线绘制。①

① 详图索引符号

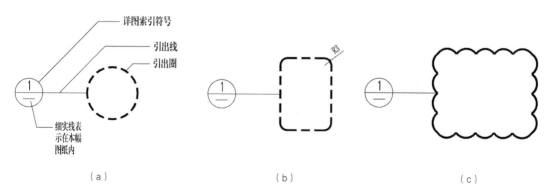

（a）　　　　　　　　　　（b）　　　　　　　　　　（c）

2.3.4　设备索引符号

① 设备索引符号示例

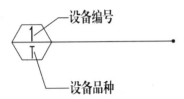

设备索引符号表示各类设备（含设备、设施、家具和洁具等）的品种及对应的编号，应在图样上使用设备索引符号。详细资料可分别到与之对应的图表中检索查询。①

2.3.5　灯光、灯饰索引符号

① 灯光、灯饰索引符号示例

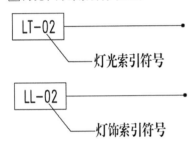

灯光、灯饰索引符号表示灯光、灯饰的类别及具体编号，符号内的文字由大写英文字母LT、LL及阿拉伯数字共同组成，英文字母LT表示灯光，LL表示灯饰，阿拉伯数字表示具体编号。详细资料可分别到灯光表和灯饰表中检索查询。①

2.3.6　材料索引符号

① 材料索引符号示例

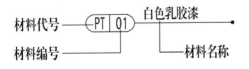

材料索引符号表示各类材料的品种及对应的编号，应在图样上使用材料索引符号。材料索引符号也可与材料名称结合在一起使用，看起来更加直观、便捷。详细资料可到材料表中检索查询。①

2.4 制图图例

在室内设计制图中，一些常用的材料和设备通常以特定的符号表示，即制图图例。室内材料和设备种类繁多，内容复杂，图例的产生也不尽相同，有些是沿用建筑标准图例，有些属于约定俗成或者自创的图例，难以归纳与统一。在此仅列举开关插座、装饰材料、灯具以及设备四类常用的制图图例，便于制图时进行选用。

2.4.1 常用开关、插座图例

图例（平面）	名 称	图例（平面）	名 称
	（电源）插座		网络插座
	三个插座	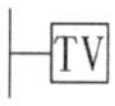	有线电视插座
	带保护极的（电源）插座		单联单控开关
	单相二、三极电源插座		双联单控开关
	带单极开关的（电源）插座		三联单控开关
	带保护极的单极开关的（电源）插座		单极限时开关
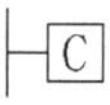	信息插座		双极开关
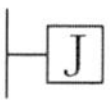	电接线箱		多位单极开关
	公用电话插座	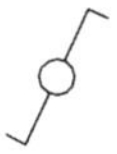	双控单极开关
	直线电话插座	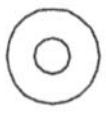	按钮
	传真机插座		配电箱

2.4.2　常用装饰材料图例

图 例（剖面）	名　称	图 例（剖面）	名　称
	钢筋混凝土		胶合板
	砖　墙		密度板
	混凝土		多层板
	粉刷层		细木工板
	天然石材		防水材料
	金　属		地　毯
	玻　璃		饰面砖
	石膏板		多孔材料
	木　方		橡　胶
	实木造型		纤维材料
	木饰面		马赛克
	大理石		普通玻璃
	软　包		磨砂玻璃
	墙　纸		夹层玻璃

2.4.3　常用灯具图例

图　例	名　称	图　例	名　称
	艺术吊灯		落地灯
	吸顶灯		水下灯
	筒　灯		踏步灯
	射　灯		荧光灯
	轨道射灯		镜前灯/画灯
	格栅射灯		埋地射灯
	格栅荧光灯		嵌入式荧光灯
	灯　带		投光灯
	壁　灯		泛光灯
	台　灯		聚光灯

2.4.4　常用设备图例

图　例	名　称	图　例	名　称
	送风口		防火卷帘
	回风口		消防自动喷淋
（立式明装）　（卧式明装）	风机盘管	（单口）　（双口）	室内消火栓
	侧送风、侧回风		感温探测器
	排气扇	S	感烟探测器
	卡式机风口	EXIT	安全出口
	疏散指示灯		扬声器

第 3 章

设计草图与设计分析图

3.1 设计草图

室内设计的核心是创意，而创意从产生到成熟是一个过程，即抓住突闪的灵感、模糊的意念，使其逐渐清晰，并在不断修改和调整中最终形成结果。在这一推进过程中，设计草图可以不拘泥于具体的表现方式，做到随心而动，只需将不甚成熟的设想展现出来，供设计师自我对话或与他人沟通。

优秀的设计，在美观的形式及效果背后，往往蕴含着特定的逻辑与规则，它们是设计师在设计过程中有意或无意所遵循的，也就是我们的设计依据，或者说是设计中所谓的道理。设计分析图用简图的方式进行剖析，使人对设计的道理一目了然，强调的是对设计的理性分析与把握。对设计师而言，绘制此类图纸有助于整理设计思路，使设计更加严谨而有条理；而对他人来说则可以加强对设计本身的深入理解。

设计草图与设计分析图在设计过程中通常是相伴产生的。前者将设计师头脑中的想法用图形语言进行表达，而后者则是将设计中的逻辑思维进行概括与提炼。

设计草图表达的是设计师瞬间的灵感，随手的勾画可以汇聚很多灵感，有些灵感具有进一步发展的可能性，而有些灵感在略作分析后，由于不具有实现的可能只能放弃，充作设计思考的铺路石。因此设计过程中，众多的草图是记录设计的一个过程，并不是设计的最终结果。①—⑥

初期的构思草图主要用于平面功能布局和空间形态意向的初步设想，供设计师对其可行性作出评估与判断，或者以此类草图为依据与业主进行沟通以进一步确定方案，所以草图要解决的是比较粗略的设计创意，以确定后续工作的方向。这一阶段的草图往往是平面布局的设计草图。

进一步的设计草图主要用以体现造型，通常可分为两大类：一类是反映空间形态或立体造型的整体感，一般会以视野范围大的透视为手段，细节往往不作太多体现；而另一类则是主要刻画某些小造型或细节的做法，绘制出的是特定的局部做法、材料的搭配或交接关系等。

造型草图的绘制手法或深度也各有不同，一般以手绘线条为主，可适当辅以颜色强调效果，也可以在图纸上加注一些说明性的文字，便于进一步地理解。

1 平面布局的设计草图

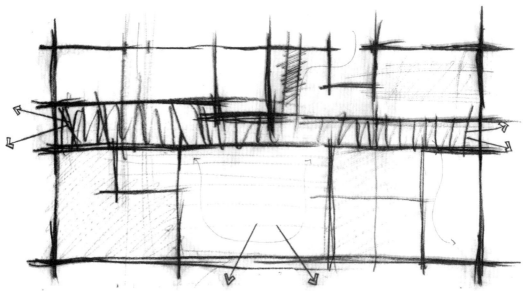

（a）绘制于设计初期，是设计者对平面布局进行规划时所勾画出的一些粗略线条，其中有的线条代表了房间的范围，有的线条表达的是空间联系关系，有的线条则强调了区域的中心或位置，而这些线条都是概略和不确定的。

（b）在上述草图的基础上一步步深化并不断调整而形成的最终平面图。通过对照可以看出，草图阶段的线条对其布局和造型具有实质性的影响，形式虽有变化，但影子依然清晰可见。

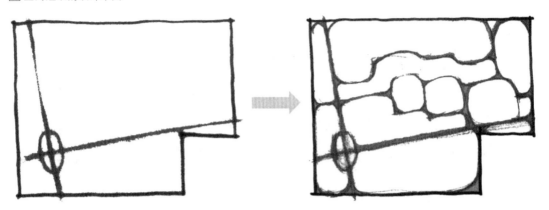

（a）设计者用寥寥几笔勾画出空间组织的"骨架"。

（b）结合功能区为该"骨架"进一步充实了"肌肉组织"，此阶段的草图只追求建立基本的结构关系，细部完善则交给下一阶段来处理和解决。

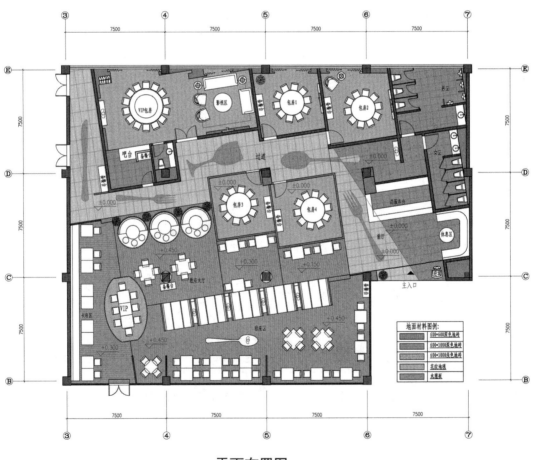

平面布置图 1：150

（c）最终成形的平面图，空间形态灵活、就餐方式多样、地坪富有变化……而草图阶段的"骨架"和"肌肉组织"隐含在整个设计之中。

③ 局部造型的设计草图

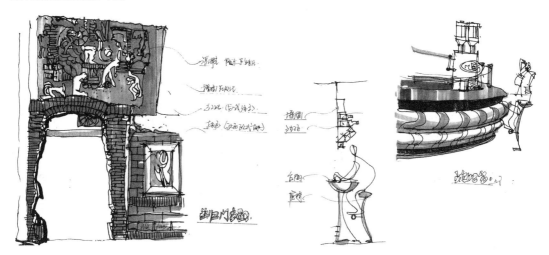

　　以流畅的徒手线条捕捉并勾画出设计者对于几个局部造型的考虑，并用马克笔进行简单上色，旁边加注文字说明，设计者头脑中的设计影像即刻跃然纸上，便于交流讨论与设计的深化。

④ 空间造型的设计草图

　　用较粗的一次性针管笔徒手勾画出设计者所构想的空间意向，不进行细节表现，只表达基本的空间形态和主要的结构构件，并通过线条的疏密增加空间的层次感。

⑤ 空间设计草图的表现

先用手绘线条勾画出该空间的透视效果，并辅以马克笔与彩铅进行色彩和明暗表现，然后对手稿进行扫描，用Photoshop对整个画面进行"中间亮，上下两边暗"的渲染处理，完成最终画稿。

⑥ 空间设计草图的表现

 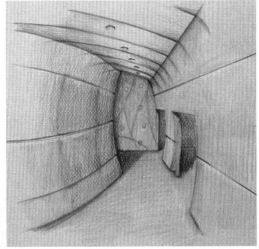

两图是同一设计者在两种不同明暗纸张上的草图表现，共同的特点是以粗线条为主来绘制造型，并简要地涂画出块面的变化及阴影，表现出清晰明确的空间与形体特征。

3.2 设计分析图

设计分析图反映了设计者的一系列理性思考和逻辑分析，是用图像回答"设计为什么这么做"。设计分析图既是设计师梳理自己设计思路的必要手段，也是直观诠释设计理念的表现方式。

设计分析图虽然是在设计过程中进行绘制的，但经常会在方案表现阶段重新整理并正式绘制，成为方案图中的一部分内容。

按分析的内容来分，室内设计中的设计分析图主要包括：功能分区图、流线组织图（或人流动线图）、空间形态分析图、视线分析图（或景观分析图）等；按绘制的方式来分，设计分析图可以徒手绘制，也可以用计算机绘制。

3.2.1 功能分区图

根据项目的性质和要求，从功能布局出发，将其各个组成部分进行分类并加以组合，以区域划块的方式进行排布，形成空间序列关系，建立一定的逻辑，在设计范围内落实它们的大致位置及相互关系（前后、相邻等）。通常分类的依据是空间的动与静、开放与私密或者不同的功能性质。功能分区的目的旨在设计的初期形成对平面布局的总体控制，使各个区域位置合理，建立它们之间的关联，并避免不必要的干扰。

在设计初期阶段所绘制的功能分区图中，勾勒出的各个区域轮廓通常会用简练的自由曲线进行围合，看起来有些像充满的气泡，所以也称之为"泡泡图"。"泡泡图"绘制出的类似于自然气泡的图形并不代表空间的具体形态，而只表示某个功能区，空间形态可以在区域定位后再进行塑造。每一个代表区域的"气泡"应该能够和该功能区域的面积大小接近，这样所有的功能区域便能以"气泡"的形式充满整个设计范围。在绘制各个"气泡"时，彼此间的间隙可以留得比较少，虽然在这个阶段不会过多地关注这些间隙，但随着设计深化，它们通常会转化为通道或隔墙（断）等。[1]

在设计成果阶段功能分区图中，各个功能区域已经非常清晰和明确，其轮廓范围则可以用明确的边界与平面进行对应。[2]

无论哪种情况，通常具体绘制时都是在平面图上勾画出不同的区域范围，用色块进行填充或者半透明覆盖，并以图例的形式说明不同的色块所代表的功能区。

1 不同设计阶段中功能分区图示例

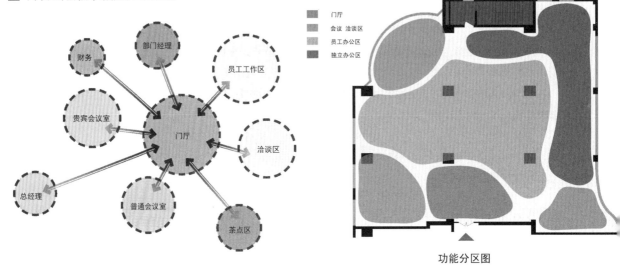

功能分区图

（a）以不同大小和颜色的圆圈代表不同的功能区，并以办公门厅为中心，体现各区域和门厅及彼此之间的位置关系。

（b）在CAD软件中用SPLINE线在平面图中圈出各个区域的大致范围，并在Photoshop软件中对各区域填充不同的颜色，形成"泡泡图"，使看图者对整个办公室的功能布局能有一个直观的认识。

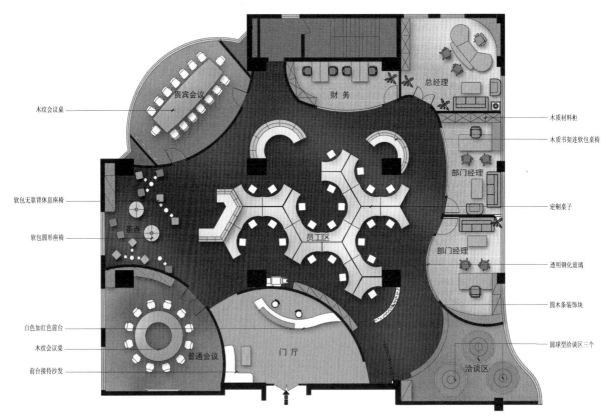

平面图　1:100

（c）最终完成的平面图。

② 设计成果阶段的功能分区图

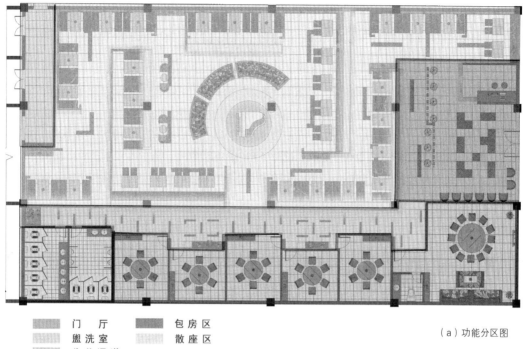

	门　厅		包 房 区
	盥 洗 室		散 座 区
	公 共 通 道		

（a）功能分区图

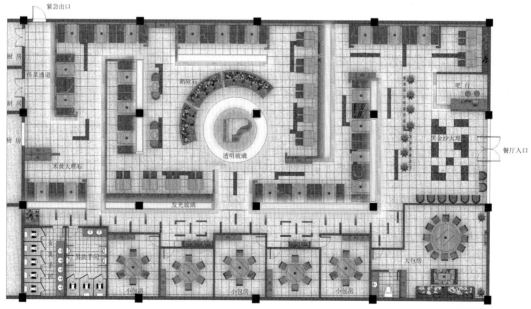

（b）平面布置图

功能分区图（a）是把平面布置图（b）作为底层，在Photoshop中覆盖不同颜色的半透明图层，不同颜色代表不同的功能区域，对设计构思中功能区的总体布局作出了简要清晰的诠释。

3.2.2 流线组织图

流线组织图□1是将进入建筑空间中的人、车或货物经过的线路，清晰、概括地勾画出来，重点体现不同人流的集与散、货物的进与出，以及对车流的疏导等逻辑关系，从而评判设计中流线组织得是否合理，看其对各空间使用质量的影响。如果流线组织得不合理，就很可能会造成使用上的混乱。

不同类型的项目，因其使用功能不同，往往存在着不同的流线组织特点。有的项目流线比较单一，也很简单；有的流线则很复杂，且存在不同类型的流线。组织和分析这些流线，需要把它们的逻辑顺序和相互关联用简图表现出来。一般来说，室内设计的流线组织图可以在平面的基础上添加流线来表现，有些复杂的空间可能需要借助立体方式（轴测、透视、剖面等）才能表达清晰。

由于流线组织图重点表现的是流线，一般会用有别于底图的彩色线条或粗重的线型来绘制，使流线一目了然。

□1 流线组织图示例

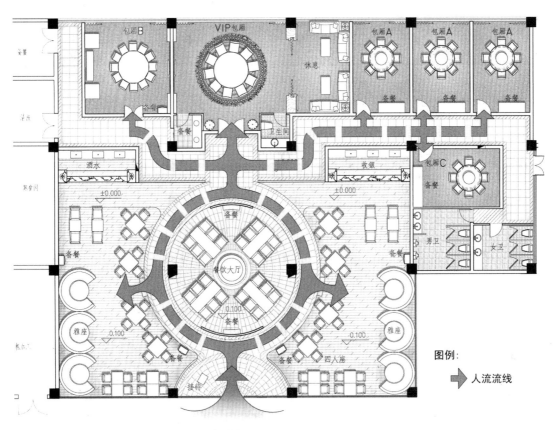

图例：

➡ 人流流线

人流入口

绘制的流线组织图是以灰色的平面图作为底板，用红色的粗虚线表示人流的主要线路，并辅以箭头代表进入的方向。

3.2.3 空间形态分析图

空间形态分析图①—③主要是从空间构成的角度出发，以抽象、概况的图形勾勒出设计形成的初步形态，是从宏观层面对空间构架作出的描述和分析，手法上宜用简练、清晰的图形搭建出室内空间的内在骨架，而该骨架将决定设计的总体空间形式和组成关系。

空间形态分析图的绘制可以是手绘草图，也可以是表现层次更清晰的计算机绘图。手绘时宜用少而精的大线条，表达其明确、粗略的空间形式关系；而计算机绘图则可用图形或体块来体现其逻辑关系和组成方式。

① 空间的形态分析图示例

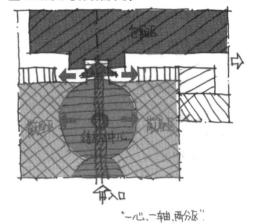

"一心、一轴、两分区"

本图是徒手草图和电脑填色相结合的形态分析图，通过粗略的线条勾勒出平面图的基本轮廓，扫描后在Photoshop中对各区域覆盖半透明的不同颜色，可以清晰地反映出设计者关于空间形态的总体构思。

② 空间形态分析发展出的平面设计示例

（a）

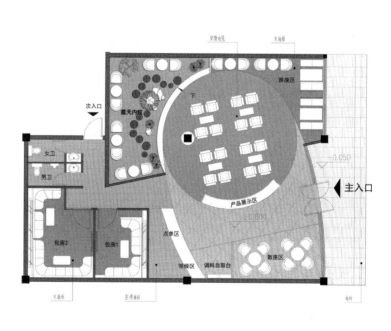

（b）

（a）为设计初期绘制的一系列关于空间形态生成过程的手绘草图，以最简练的线条表达出设计者的处理手法，然后逐步完善形成最终的平面布置图（b）。

③ 爆炸分析图

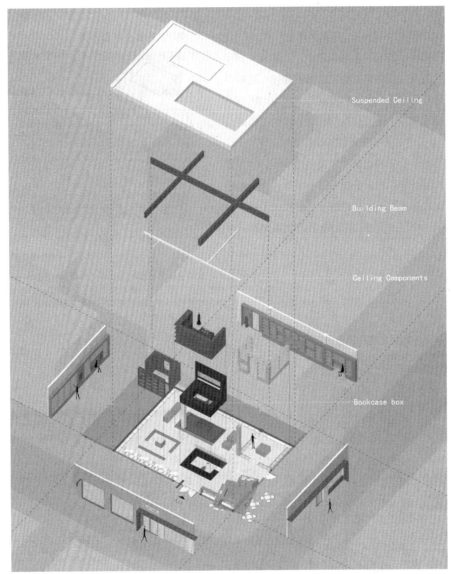

Suspended Ceiling

Building Beam

Ceiling Components

Bookcase box

　　用建模软件对空间结构进行分级拆分，以轴测图的角度清晰地显示出丰富变化的体块关系，室内吊顶、梁及构件、造型家具在垂直方向上分层展示，靠墙内立面和建筑外立面则水平移动至空间外部，各部分之间的关系一目了然。

3.2.4　视线分析图

　　视线分析图①主要是对空间中的人（特别是处于重要节点或位置处）所能看到的景物进行简要描述的图纸，有时也称为"景观分析图"。通过视线分析图，可以进一步体现设计者对于景物设置的意义，从观景的角度来评价人和景物的空间位置关系，有时也可用来表达视线所及的空间范围。

　　该分析图通常需要标明人的视点位置、视线方向和所见景物三部分要素，其中视线方向一般用箭头进行表示。

44

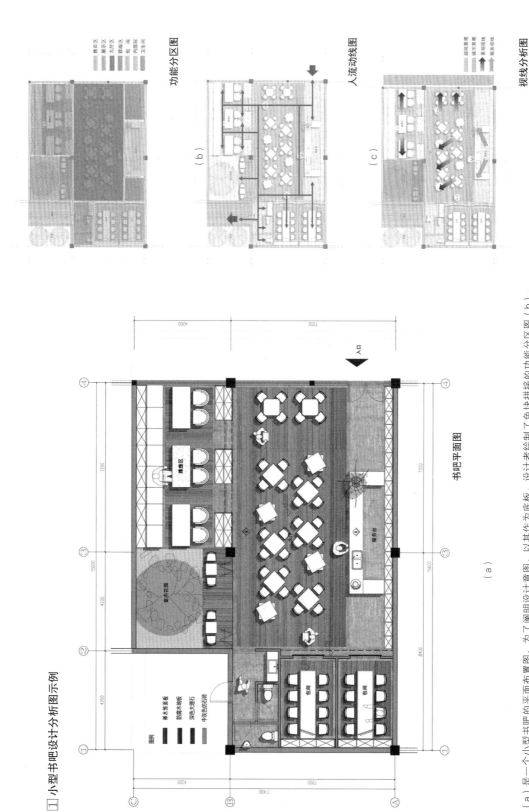

1 小型书吧设计分析图示例

（a）是一个小型书吧的平面布置图，为了阐明设计意图，以其作为底板，设计者绘制了色块拼接的功能分区图（b），线条贯通的人流动线图（c）和箭头结合色块的视线分析图（d）。

第 4 章

方案图绘制与表达

4.1　方案图的特点和内容

设计方案图是对设计任务预期效果的综合描述和重点表现，是在概念草图阶段的基础上，通过一系列的分析和比较，从主题表达、风格定位、功能布局、人流动线、空间形态等方面出发，作出方向性选择，进一步调整深化、绘制完成，并将设计成果进行全面展示的系列图纸。

设计师需要将设计意图清晰地展现给业主或者项目评审人员，因此对设计创意的表达是方案图体现的重点。平面图、立面图等图纸通常会进行彩色渲染，赋予材质或色彩，使其更具可读性和艺术感染力。而各种手段的效果图更是方案图中的重要组成部分。有些方案还会借助制作实体模型，来体现三维的空间效果或独特的形体。

方案阶段对细节通常不作深入具体的考虑，相关设备工种（空调、水、电、风等）的专业图纸在此阶段一般也未介入，所以方案图通常更加注重的是设计效果，图面无须进行过多的尺寸标注和文字注释，否则信息太多，反而会分散人的视觉注意力。

方案图一般包含以下内容：

（1）设计说明：用简略的文字进行阐述，并配合相关分析图或意向图，阐明设计意图和设计特点；

（2）平面图（包括家具布置）：着重体现功能分区和空间布局，可以借助色彩渲染加强图纸的表现力，并增加材质信息；

（3）顶面图（包括灯具、风口等布置）：反映顶面的造型、材质和层次，如用色彩表现，重点强调的内容是灯光和材质；

（4）立面图及剖立面图：一般选取主要立面进行表现，强调材质搭配、软装配置等，有时可以通过绘制立面的人来体现尺度关系；

（5）室内透视图、轴测图、模型等：展现方案的三维效果，便于理解其空间立体关系；

（6）装饰材料及家具、灯具等样板：装饰材料样板反映了设计中选用的主要材料及其搭配关系，而家具、灯具等样板则从软装层面来进一步完善和充实设计。

4.2 方案图的绘制方法和表达内容

4.2.1 设计说明

设计说明①—③主要是与客户所进行的关于设计思想的图文交流，通过简要的语言和一些图片资料的辅助说明，可以展现设计理念、采用的手法或风格等设计核心要素，阐明设计中的色调或材质等特色，也可把对案例的设计分析和合理化控制都进行逐一说明，让看到方案图纸的人能够对设计有个整体概念的认识，对进一步阅读和理解其他相关图纸起到一定的帮助作用。

① 某咖啡厅设计说明示例

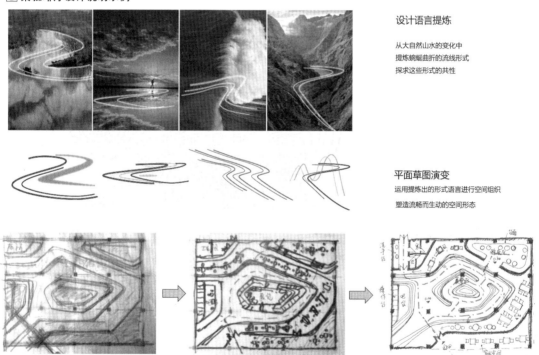

设计语言提炼

从大自然山水的变化中
提炼蜿蜒曲折的流线形式
探求这些形式的共性

平面草图演变

运用提炼出的形式语言进行空间组织
塑造流畅而生动的空间形态

首先用一系列的图片阐明了设计者所使用的形式语言的灵感来源，然后用抽象的线条进行概括和提炼，最后结合平面设计草图的演变过程，说明形式语言如何一步步清晰明确，并结合功能落实到室内空间之中。

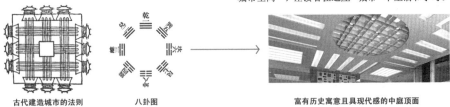

书之城市：书构成了图书馆，分门别类的书籍组织出一个缤纷的"城市空间"，让读者在这座"城市"中生活和学习。

古代建造城市的法则　　　　八卦图　　　　　　富有历史寓意且具现代感的中庭顶面

知识之窗：图书传递着知识和信息，传播着几千年的人类文明，在这里读书学习为读者开启了一扇了解世界的窗口。

古式窗格　　　　条形码　　　　具有装饰意味的玻璃栏板和现代窗雕

9784897375489

　　本图为某图书馆室内方案的设计说明。设计者围绕核心理念提出了凝练其思想的关键词，并相应作出文字陈述，同时对最终效果图中的局部造型进行图片截取，分析了其形式语言产生的渊源。

③某地毯图案的设计注明示例

地毯图案的设计演化

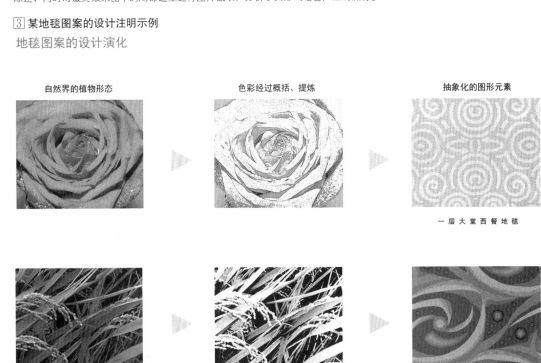

自然界的植物形态　　　　色彩经过概括、提炼　　　　抽象化的图形元素

一 层 大 堂 西 餐 地 毯

一 层 大 堂 吧 地 毯

　　本图体现的是在某酒店方案设计中设计者对个性化地毯图案的设计，在设计说明中通过图片的演化，辅以少量的提示性文字，让读者对其设计用意一目了然。

4.2.2　平面图

平面图①—⑦主要反映基本的空间组织和功能布局，体现出各个空间的形状与大小、家具及设施的摆放方式与位置、室内景观及绿化的分布等，也可以表现出地面材质的铺装方式等内容。

为了加强表达效果，方案平面图一般需要进行彩色渲染。色彩的选择与运用有两种方式：一种是遵循物体实际的色彩和质感再现；另一种与实际效果无关，而仅仅是用不同色块进行区分。无论哪种方式，在色彩处理的过程中，都需要控制画面的整体效果。另外，为了增加立体感，还可以对家具等物体添加适度的阴影。

① 平面图示例1

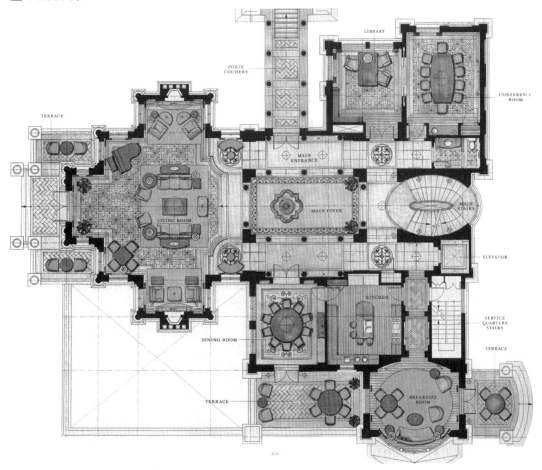

该平面图着力表现古典、高雅的设计风格，颜色选择时色调比较单一，不使用材质贴图，地面材料的纹理或分割线均在CAD中绘制完成。

2 平面图示例2

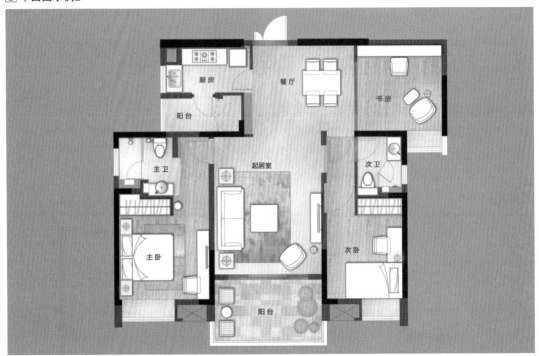

　　该平面图在填色渲染时，把家具和设备等进行留白，对大面积的地面材料赋予真实的材质肌理，厨房和卫生间的水槽内添加淡蓝色的渐变以示水体，台灯和落地灯等处在线条下方叠加淡黄色的光晕。

3 平面图示例3

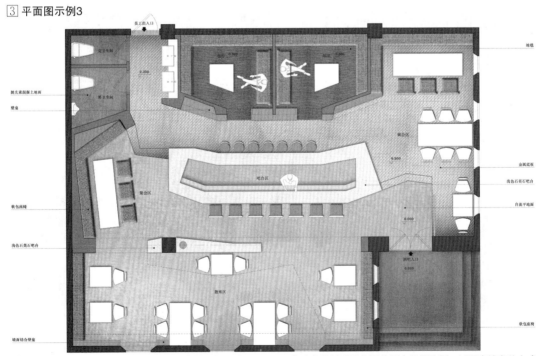

　　该平面图展示的是经Photoshop软件贴材质渲染过的平面图，将真实的材质图片调整到合适的比例，以图案填充的方式赋予地面、家具等物体，并对各个部分略作明暗退晕变化处理，同时给家具部分添加阴影，形成逼真、立体的图面效果。

（4）半面图示例4

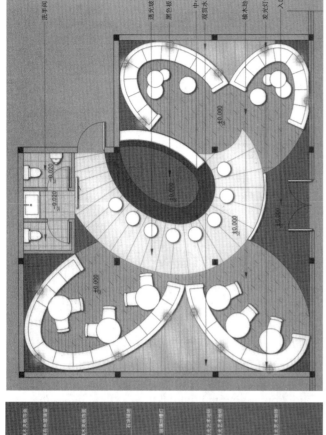

（a）用色丰富，色彩关系融洽，体现出生动而活跃的空间氛围。

（b）明暗对比强烈，主体家具和地面图形成清晰的图底关系。

（c）黑、白、灰层次分明，加以红色进行点缀，时尚而有活力。

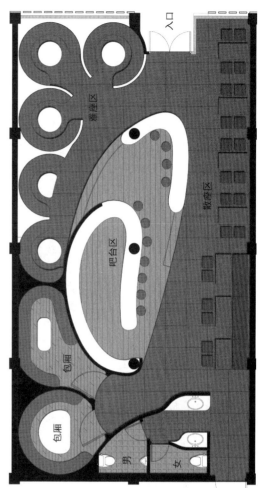

三个平面渲染图在绘制时均强调其整体的色彩与明暗的搭配效果，色彩选择和实际物体颜色有一定的联系，但又都不拘泥于其真实性的表现。

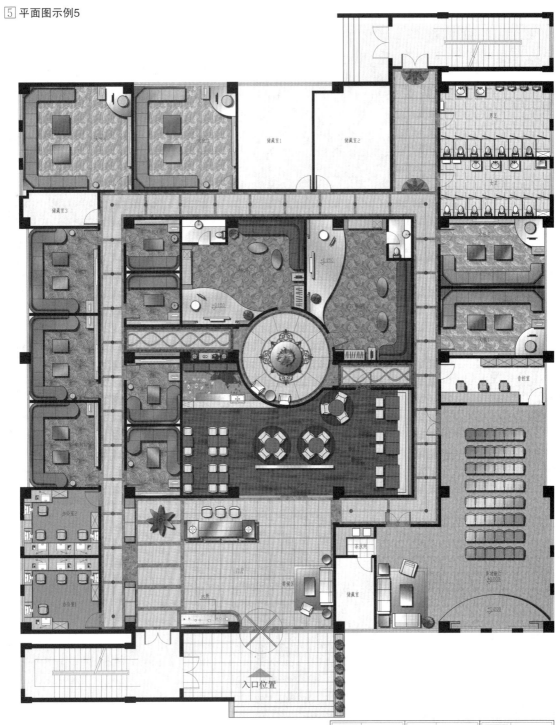

　　该平面图对各个空间的地面材质均使用了真实贴图，图案或纹理大小比例得当；对家具、设备等进行色彩填充，并进行深浅变化处理，同时用阴影效果增加立体层次感。

	莎安娜米黄大理石		玻璃发光地坪		地毯
	浅啡网纹大理石		艺术地毯		塑胶地坪
	深啡网纹大理石		艺术地毯		
	马赛克拼色		艺术地毯		
	实木地板		艺术地毯		

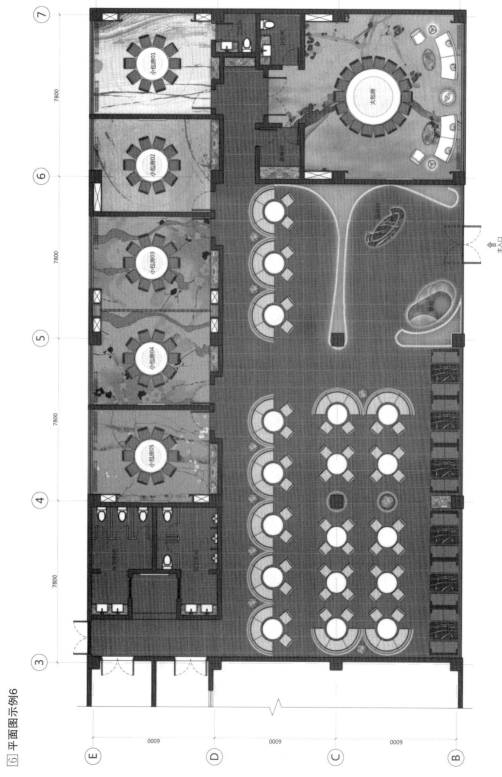

6 平面图示例6

该平面图着重体现该调餐厅时尚、幽静的环境氛围。平铺大面积深色地砖，配以淡色的分格线；精心截取抽象的写意图案作为各个包间的地毯图案；入口处发光的隔断用Photoshop中的喷笔工具喷出若隐若现的光感。

该平面图主要对地面材料通过色彩、纹理和图案进行了表达，对家具、设备等物体均作留白处理，对辅助空间（未深入设计的厨房）填充灰色进行弱化，对造型内的结构空间则填充与墙体接近的深灰色，画面体现出清晰明朗的特征。

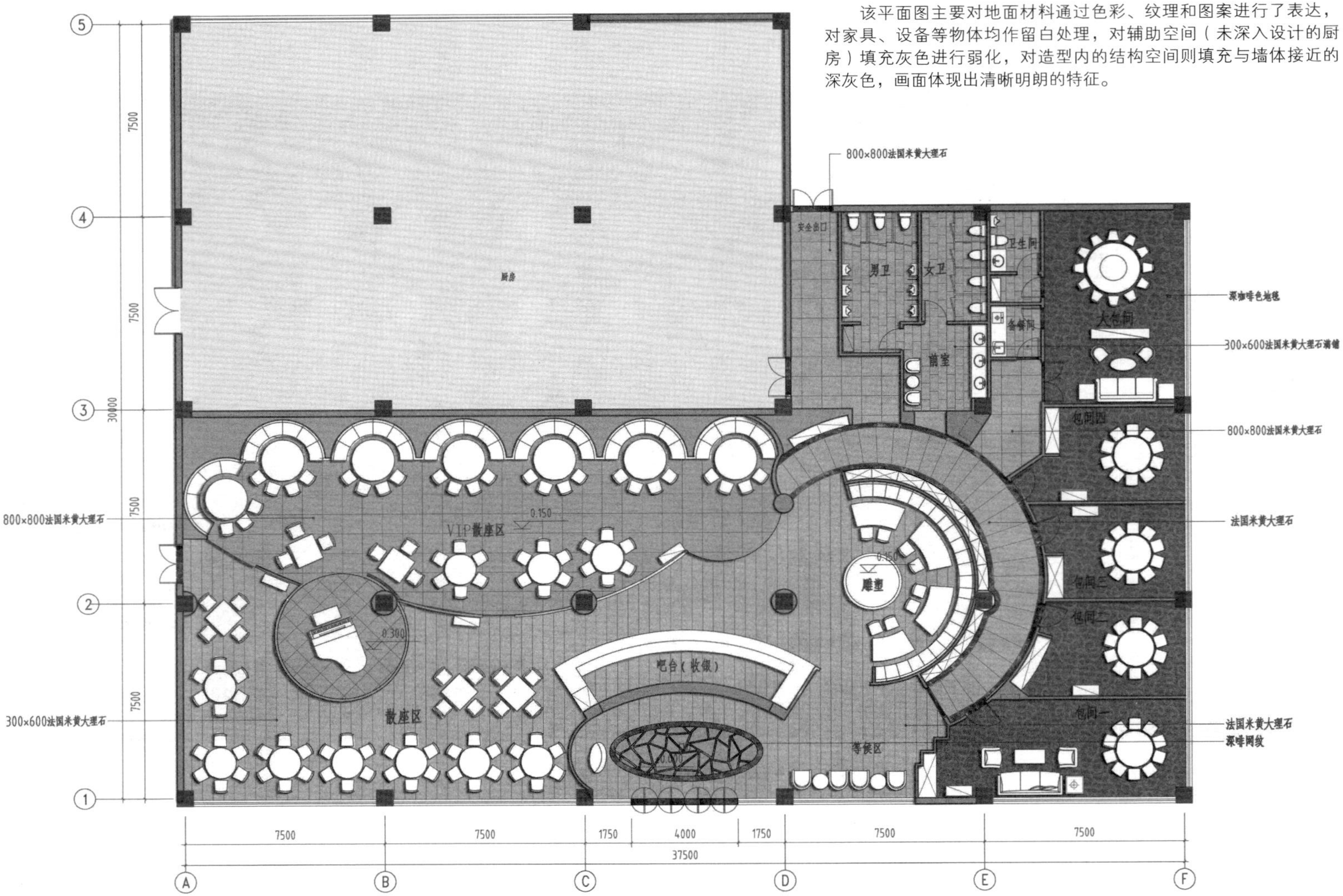

800×800法国木纹大理石

300×600法国木纹大理石铺贴

800×800法国木纹大理石

法国木纹大理石

法国木纹大理石

深啡色地板

深啡网纹

厨房

包房F

包房E

包房D

包房C

包房B

公卫前厅

女卫

男卫

前室

安全出口

中式
厨房

吧台（收银）

等候区

VIP就座区

就座区

4.2.3　顶面图

顶面图1—5主要表达出顶面的造型、材质做法、高低层次和灯具设备的布置，而通常顶面的材料相对于地面和墙面要简单一些，在图纸的绘制过程中除了文字注解外，如何表现其材质效果显得尤为重要，而灯具的表现则可通过Photoshop等软件进行一些灯光效果的处理，可以使得画面变得生动且富有变化。

1 顶面图示例1

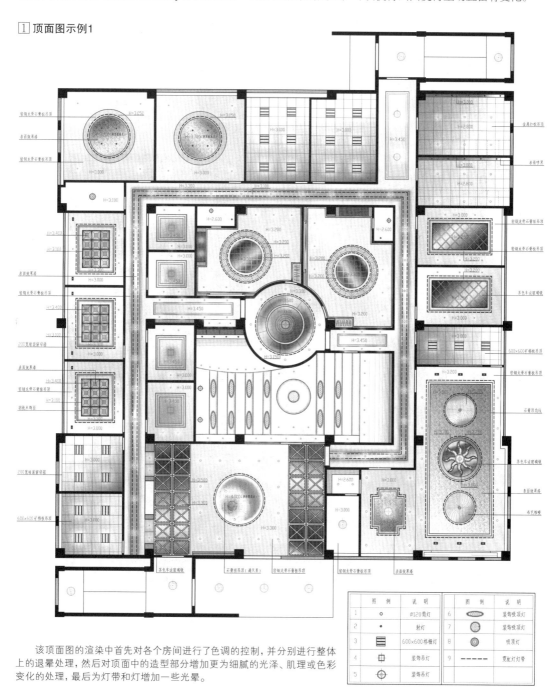

该顶面图的渲染中首先对各个房间进行了色调的控制，并分别进行整体上的退晕处理，然后对顶面中的造型部分增加更为细腻的光泽、肌理或色彩变化的处理，最后为灯带和灯增加一些光晕。

图例	说明	图例	说明
1	∅120筒灯	6	装饰吸顶灯
2	射灯	7	装饰吸顶灯
3	600×600格栅灯	8	吸顶灯
4	装饰吊灯	9	霓虹灯灯带
5	装饰吊灯		

2 顶面图示例2

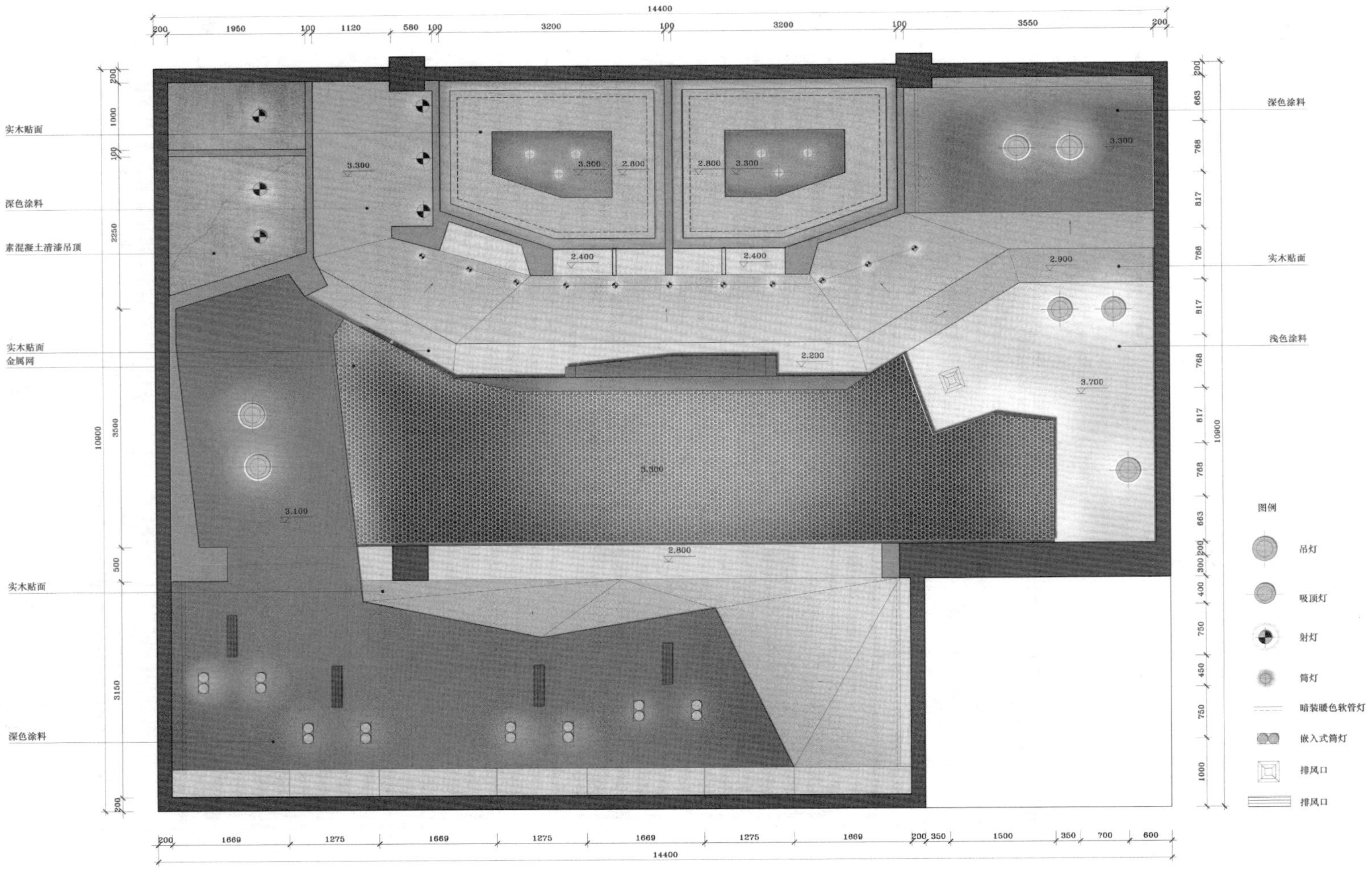

图例				
⊕	吊灯			
●	吸顶灯			
◉	射灯			
○	筒灯			
----	暗装暖色软管灯			
▣	嵌入式筒灯			
▢	排风口			
≡	排风口			

深色涂料
实木贴面
浅色涂料

实木贴面
深色涂料
清酸擦洗土清漆吊顶
实木贴面 金属网
深色涂料

该顶面图强调顶面材质的表达和光效的变化，顶面主要材质使用了材质贴图，并进行了不同的明暗变化处理，和各个灯具的光晕进行了有机结合。

3 顶面图示例3

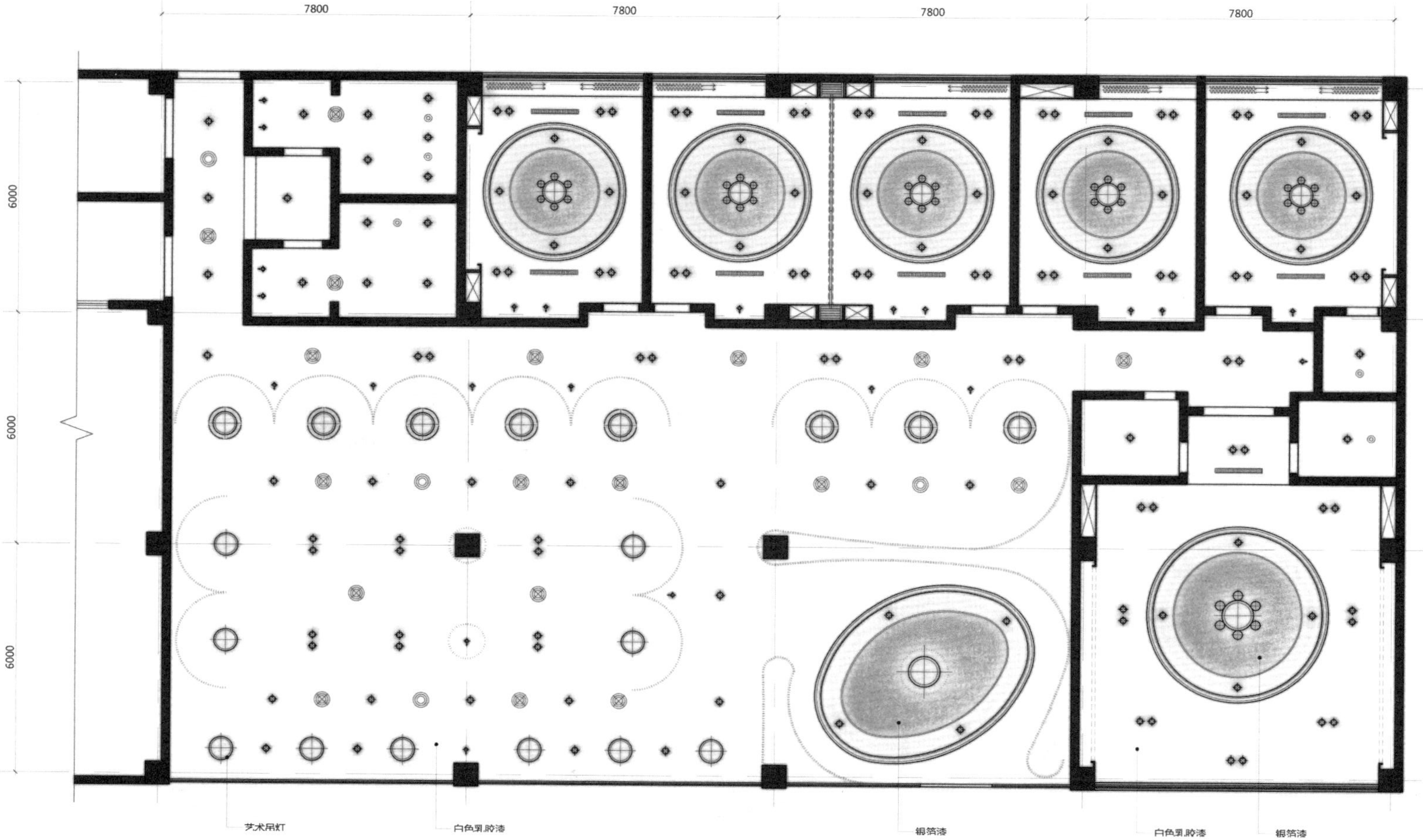

该顶面图大面积的石膏板吊顶均留白，仅对造型部分进行色彩和纹理的处理，各种灯的光晕略作体现，整个画面比较淡雅。

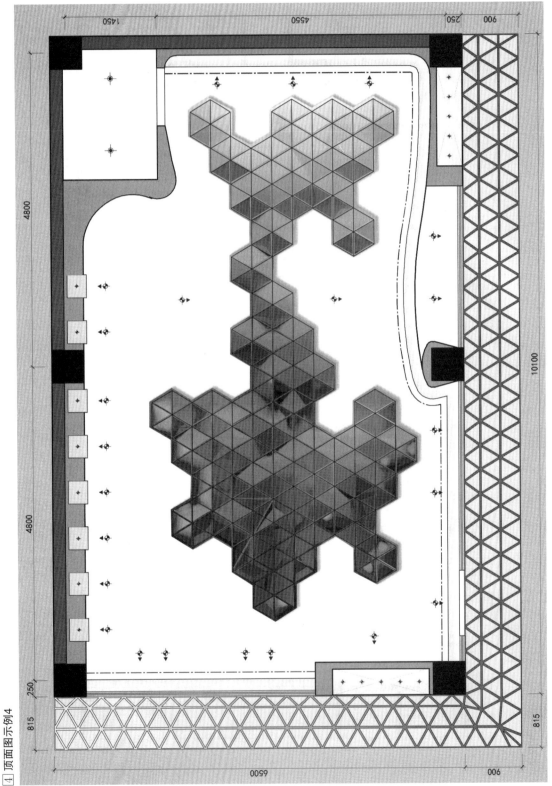

4 顶面图示例4

该顶面图对顶面造型的重点部分（由若干三角形玻璃组合而成的不同锥体）进行了精心渲染，体现出玻璃材质所具有的反光和反射影像特性，其他部分则弱化处理。

60

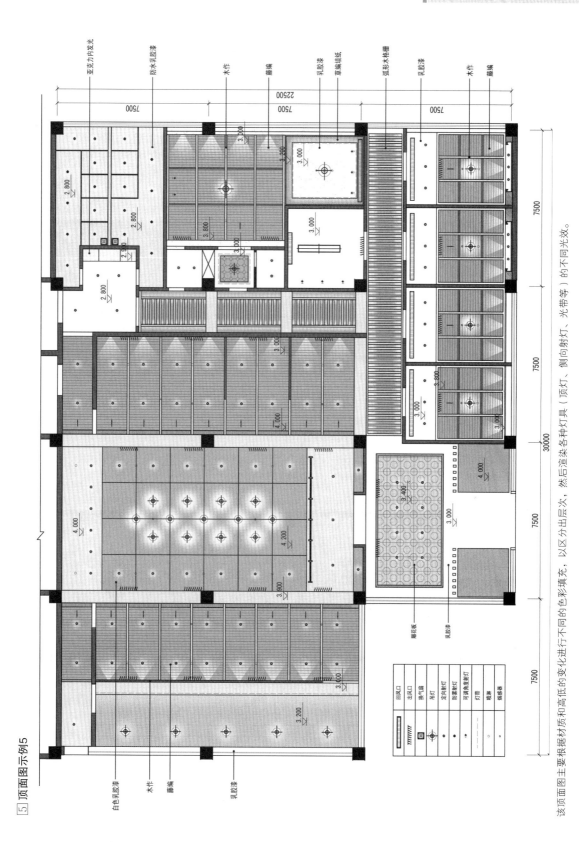

5 顶面图示例5

该顶面图主要根据材质和高低的变化进行不同的色彩填充，以区分出层次，然后渲染染各种灯具（顶灯、侧向射灯、光带等）的不同光效。

4.2.4 （剖）立面图

（剖）立面图①—⑧是对室内空间竖向界面的综合表现，施工图阶段的（剖）立面图应清晰地表达出立面上的材质运用和尺寸定位；而方案图阶段的（剖）立面图强调的是立面的形式和尺度关系，所以此阶段的（剖）立面图通常会把靠墙家具与陈设（挂画、艺术品等）也表达出来，用以增加立面的层次，体现出空间竖向的基本尺度关系，有时甚至在（剖）立面图中放上立面的人，有助于更直观地进行尺度方面的判断。

① （剖）立面图示例1

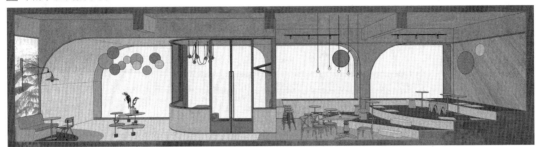

该图为一种透视剖立面图，在靠近主体立面的位置，对空间进行剖切并以透视的方式进行展示，能够清晰地表达出立面的造型、层次变化和剖切部位的顶地墙关系。

② （剖）立面图示例2

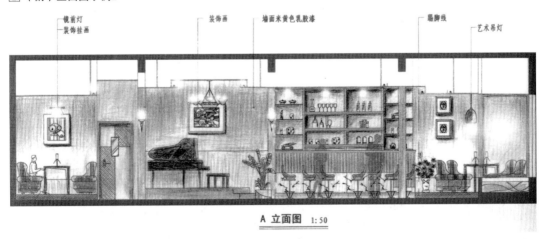

A 立面图 1:50

该立面图由手工和计算机相结合绘制而成，在CAD中完成线条绘制和文字标注，严谨而精确，打印成图后利用彩铅进行色彩渲染，生动而有变化。

③（剖）立面图示例3

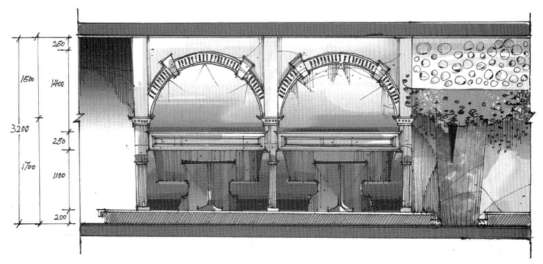

　　该立面图也是由手工和计算机相结合绘制而成，与图②不同的是，线条绘制和尺寸标注由手工完成，干练而洒脱，然后对图纸进行扫描，在Photoshop中添加色彩，通过退晕、画笔等工具融入细腻而灵动的颜色。

④（剖）立面图示例4

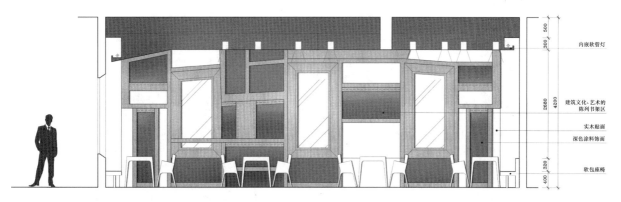

　　该立面图是在CAD中完成线条、标注等内容绘制，然后用Photoshop对相应部分进行材质或色彩填充，并通过加深或减淡处理使其具有变化，体现出材料表面的光感。

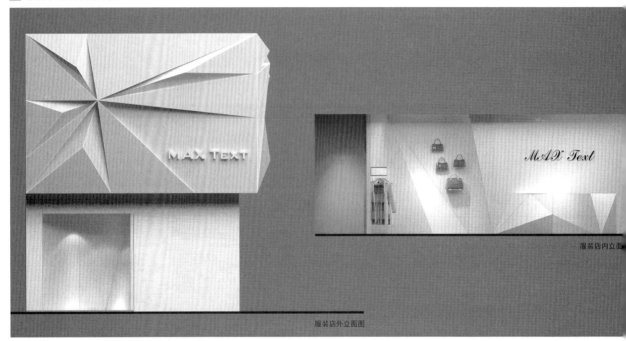

服装店内立面

服装店外立面图

该立面图为利用3Dmax软件直接渲染出来的某店铺外立面图和内立面图，通过太阳光和内部灯光的设置，真实地表现了不同光线下所形成的明暗面变化以及物体产生的阴影，衣服和包等配景则是用Photoshop在后期处理中进行添加的。

6 （剖）立面图示例6

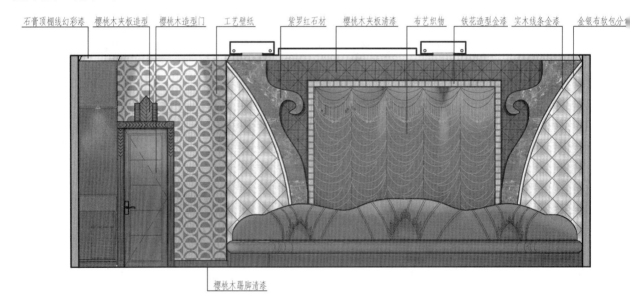

石膏顶棚线幻彩漆　　樱桃木夹板造型　　樱桃木造型门　　工艺壁纸　　紫罗红石材　　樱桃木夹板清漆　　布艺织物　　铁花造型金漆　实木线条金漆　　金银布软包分

樱桃木踢脚清漆

ⓒ VIP包房1立面图　SCALE 1:50

该立面图是将CAD绘制的立面导入Photoshop中进行填色和添加材质，材质的纹理符合比例，并进行一系列的处理模拟其在真实环境中所产生的效果。

7 （剖）立面图示例7

深红色格子四隔架饰
青莲包油漆架饰墙
小眼靠台（成品台）

　　该立面图是手工绘制线条，并用彩铅进行色彩渲染，然后经过扫描在Photoshop中进行文字添加。墨线线条流畅，人、植物等造型优美，彩铅笔触细腻，色彩变化丰富。

8 （剖）立面图示例8

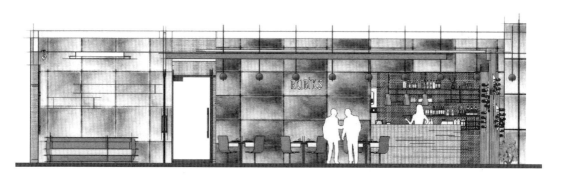

　　该立面图是在SketchUp软件中直接进行正视图渲染完成的，材质贴图相对比较粗犷，并且选择了手绘线条的交接样式，由于家具和灯具等配景都是模型放入，空间层次相对丰富，满足了方案图绘制时追求快捷和整体效果的要求。

4.2.5 透视图（效果图）

透视图，即通常所称的效果图，是方案图中最能直观地反映出设计成果的图纸，通过它可以看到未来实际建成后的面貌，便于业主或评审人对方案进行效果上的评价。

对于设计师而言，透视图应体现出其设计空间的特色，并尽可能多地呈现出所看到的内容，具有完整性，富有层次感，有时还需要采用一些必要的手段来达到此目的，如用广角透视、省略掉遮挡空间的墙或柱子等。

透视图的表现手法很多，主要可分为手绘表现（马克笔、水粉、水彩等）和电脑表现。通常电脑效果图比较写实，可呈现出模拟现实的场景；而手绘表现则更加写意，注重的是设计意境。选择何种手法，应该取决于透视图的表现风格和设计者的个人技能。

⊙ **水粉** [1]

用水粉进行填涂的一种表现手法。先在裱好的纸上起底稿，再用水粉颜料以平涂或叠加的方式进行着色。由于水粉有较强的覆盖力，画面会体现出色彩饱满而浑厚的特点。

⊙ **墨线淡彩** [2]

将墨线线条和水彩相结合的一种表现手法，利用清晰流畅的墨线线条勾勒出物体的轮廓，辅以明快飘逸的水彩来体现色彩效果和空间氛围。

⊙ **马克笔** [3]

将墨线线条和马克笔笔触相结合的一种表现手法，先用墨线勾出效果图的底稿，再通过马克笔画出不同组合方式和不同粗细的彩色线条，形成线条生动、色彩明快的表现效果。

⊙ **电脑** [4]-[5]

主要通过3Dmax等电脑软件进行建模、赋材质及灯光渲染等一系列的技术处理来模拟真实场景，并输出透视画面，再利用Photoshop进行进一步的后期完善，绘制出类似实景照片的效果图。有时不强调效果逼真，而是绘制具有设计感的快速电脑效果图。

⊙ **手绘和电脑结合** [6]

将手工绘图的灵动和电脑处理的精确结合起来，可以创造出特殊的效果。最常用的是手绘线稿和电脑上色相结合的技法，即首先以手工绘制出效果图的线条稿，再用Photoshop对其进行各种润色处理，图面效果显得清新、明快而且生动。

1 效果图示例1

水彩绘制的效果图。在裱好的水彩纸上先用铅笔打好底稿，再进行填色完成。其中的线条、高光点等细节则利用水粉的高覆盖性，最后进行勾勒或点缀。

2 效果图示例2

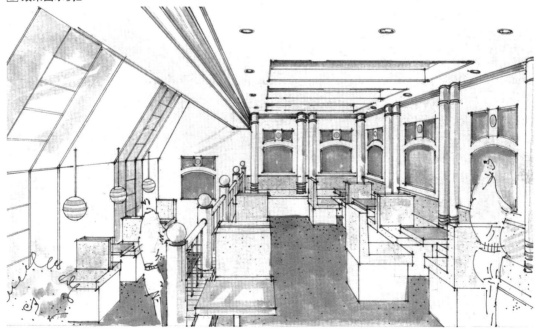

所绘制的墨线淡彩图是先在裱好的水彩纸上完成墨线线稿，然后用水彩颜料进行各个部分的渲染，同时用不同的笔触进行质感和阴影的表现。

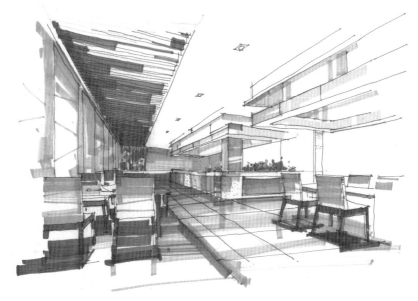

　　草图阶段的马克笔手绘效果图，先用一次性针管笔勾勒出线条，再用马克笔简单上色表达出基本的色彩及材质关系，绘制快捷。

4 效果图示例4

　　本图是比较接近真实效果的表现图，其绘制方法为用3Dmax软件进行建模、赋材质、设置灯光，渲染后的图片在Photoshop中添加配景，并进行必要的画面效果处理。

⑤ 效果图示例5

　　本图是在SketchUp软件中进行建模并进行简单渲染完成的效果图，由于该软件本身只有室外模拟阳光，所以产生的光影关系比较简单，为了弥补室内灯光表现的不足，在Photoshop中对渲染后的图直接添加了光束和光晕。

⑥ 效果图示例6

　　本图是将手工绘制线条和计算机色彩渲染相结合的表现方式，即先完成徒手线条图，然后经扫描后在Photoshop中进行填色处理，画面体现了手绘线条的灵动和计算机渲染色彩的细腻。

4.2.6　轴测图

轴测图[1]—[2]与透视图一样，同样具有直观、形象的立体展现效果，但与透视图不同的是，轴测图没有"近大远小"的变形问题，各个方向的长度具有固定的比例关系。轴测图体现出的立体效果虽然不符合人的视觉规律，但能较客观地反映出尺度关系和三维效果，且绘制简单，可以作为辅助手段来描绘较复杂的空间结构或物体。

轴测图绘制时应选择合适的角度和变形系数，便于能全面、客观地反映其空间立体关系，有时为了更清晰地表现出复杂物体各构件之间的关系，还可以将各部分脱离开进行绘制，即分解轴测图。

[1] **轴测图示例1**

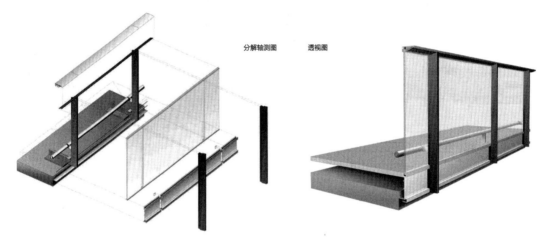

分解轴测图　　　透视图

分解轴测图以轴测方式绘制出装配式栏杆的构造做法，清晰地表达了分解后的各个组成构件，以及相互位置关系，是从工艺上对透视图进行的内部细节补充。

2 轴测图示例2

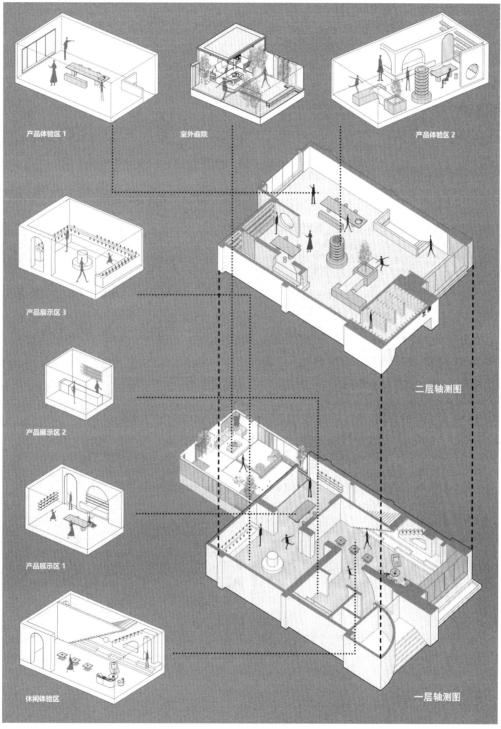

产品体验区 1

室外庭院

产品体验区 2

产品展示区 3

二层轴测图

产品展示区 2

产品展示区 1

休闲体验区

一层轴测图

　　轴测图应选择合适的角度，尽可能全面完整地体现出空间格局与内部造型，便于直观进行观察和判断。本图中除了两个楼层面的整体轴测图外，还分区域绘制出各个局部不同角度的分轴测图。

4.2.7　模型

在一些特殊的或造型复杂的室内设计中，为了能更加清晰、直观地展现空间立体造型，可以按照一定的比例关系制作出实物模型。与透视图不同，模型可以从多个角度去审视其结构特征和实际效果。

根据设计的阶段和目的，模型可以分为工作模型和成果模型两大类。

工作模型的制作可以相对粗略，主要供设计师自身用于探讨和分析设计，强调的是空间形态的大体关系，细节的表现并不重要。①—②

而成果模型则是用于模拟实际建成后的效果，强调的是准确、真实，先进的模型制作技术可以逼真地制作出室内微缩场景，一目了然。③

有的模型制作既用于推敲造型和做法，也尽量展现其实际效果。④

① 模型示例1

本图是在方案初期阶段制作的工作模型，直接在打印的平面图上竖起墙体并制作出主要的建筑构件及各种造型，电梯门及门套也是直接绘制在墙面上。借助这种快速制作出的模型，设计师可以进行空间分析和造型研究，为进一步的设计提供依据。

② 模型示例2

用白色的模型纸板制作出店铺的外立面及内部的空间界面，素模的表现方式忽略了实际材质的质感与色彩，更清晰地表达出构成形态的变化特点和相互关系，便于在设计过程中进行造型方面的推敲与分析。

③ 模型示例3

展示的成果模型不仅清晰地按比例制作出墙体、梁柱、玻璃幕墙等基本建筑构件，还如实地表现出地板、地毯等材质的纹理与色彩，内部的家具、绿化及陈设等也都一应俱全，模拟出一个微缩场景，可以从不同角度进行观赏或探讨。
图片来源：《室内装饰手法》

④ 模型示例4

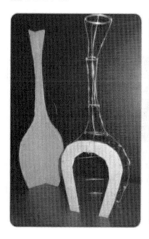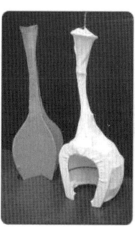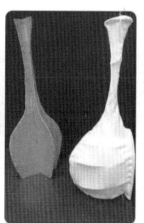

（a）   （b）

（a）为某更衣室的模型，（b）为建成后的实景照片。模型的制作模拟了其材料选用与工艺做法，并展现出最终的实际效果。

4.2.8 材料样板

　　材料样板是室内设计方案的辅助组成部分，是将设计中的主要用材以实物或照片形式进行呈现，体现出材料的基本特征，同时也反映了它们之间的搭配关系。

　　作为设计方案的物质基础，材料样板阐明了达到预期设计效果的可行性。制作样板时所截选的样块应具有代表性，最大程度体现出该种材料的色彩、图案、纹理和质地等感官特征 。[1]

　　制作样板时，设计师通常会把各种材料样块视为构成要素，并将它们有机结合在一起，使得材料样板本身就如同一个精美的构成作品 。[2]

[1] 材料样板示例1

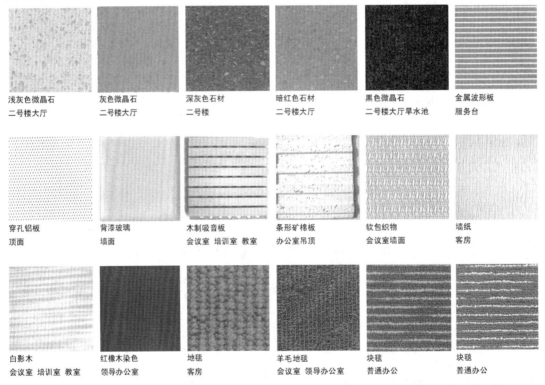

| 浅灰色微晶石 | 灰色微晶石 | 深灰色石材 | 暗红色石材 | 黑色微晶石 | 金属波形板 |
| 二号楼大厅 | 二号楼大厅 | 二号楼 | 二号楼大厅 | 二号楼大厅旱水池 | 服务台 |

| 穿孔铝板 | 背漆玻璃 | 木制吸音板 | 条形矿棉板 | 软包织物 | 墙纸 |
| 顶面 | 墙面 | 会议室 培训室 教室 | 办公室吊顶 | 会议室墙面 | 客房 |

| 白影木 | 红橡木染色 | 地毯 | 羊毛地毯 | 块毯 | 块毯 |
| 会议室 培训室 教室 | 领导办公室 | 客房 | 会议室 领导办公室 | 普通办公 | 普通办公 |

　　对某办公楼室内设计中的主要用材进行了详细罗列，并分别注明了材料名称及其所运用的场所或部位，条理清晰，让人一目了然。

2 材料样板示例2

1. 大 堂 墙 面 　　8. 大 堂 地 面
2. 大 堂 地 毯 　　9. 大 堂 地 面
3. 西 餐 餐 台 　　10. 大 堂 地 面
4. 大 堂 墙 面 　　11. 大 堂 地 面
5. 服务台　金箔纸 　　12. 大 堂 地 面
6. 西餐厅　壁 纸 　　13. 大 堂 顶 面
7. 服务台　木饰面 　　14. 西 餐 厅 地 面

（a）

1.深色花纹地毯　2.浅灰色印花壁纸　3.浅灰色拉丝钢板　4.灰色地毯　5.木饰面　6.木地板　7.咖啡色地毯　8.玻璃　9.深灰色印花壁纸

（b）

设计方案中的主要用材以平面构成的形式进行组合，在展现各种材料特点的同时也体现了它们之间的搭配关系。

4.2.9 配置图

配置图①—③主要包括家具配置图、灯具配置图、陈设配置图、绿化配置图、洁具及五金配置图等，多数配置的内容属于软装范畴，需要遵循设计的整体格调，起到进一步深化方案效果的作用。

配置图的绘制以实物照片为主，反映出该设计方案中所选取的家具、灯具或陈设等一系列物品，可以配以平面图标明其摆放位置，便于直观地进行参照。

① 家具配置图

家具配置图

（a）对办公室设计方案中的主要家具进行分类，并分别进行选配。

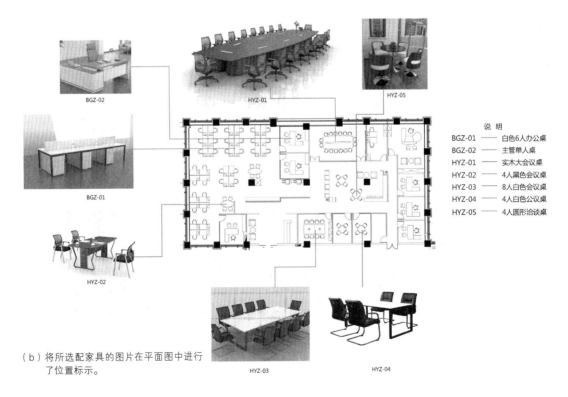

说明		
BGZ-01	——	白色6人办公桌
BGZ-02	——	主管单人桌
HYZ-01	——	实木大会议桌
HYZ-02	——	4人黑色会议桌
HYZ-03	——	8人白色会议桌
HYZ-04	——	4人白色公议桌
HYZ-05	——	4人圆形洽谈桌

（b）将所选配家具的图片在平面图中进行了位置标示。

② 灯具配置图

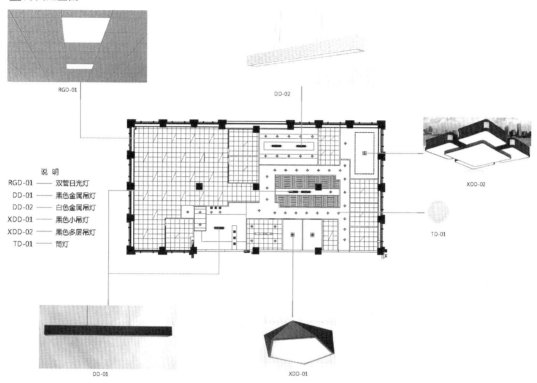

说　明

RGD-01 —— 双管日光灯
DD-01 —— 黑色金属吊灯
DD-02 —— 白色金属吊灯
XDD-01 —— 黑色小吊灯
XDD-02 —— 黑色多层吊灯
TD-01 —— 筒灯

将办公室设计方案中选择的灯具在图纸中进行了标示，并注明了灯具类型。

③ 洁具、五金配置图

卫生间设计中基本设施（洁具、五金等）的配置标示。

第 5 章

透视图的绘制方法

5.1　透视概念

本章分设透视概念、尺寸比例、绘制流程、理想角度、外围尺寸、细部划分、特殊造型等内容，循序渐进地介绍室内透视线条图的绘制方法。

5.1.1　近大远小

"近大远小"是人们的视觉常识，透视就是精确表达近大远小的一种绘图方法。

5.1.2　消失点

实际上相互平行的线条交汇于同一个消失点。

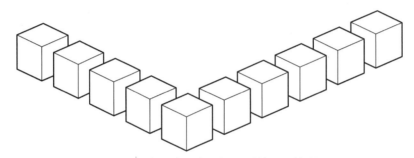

相同的物体排列成一直线，物体外廓的连线实际上是相互平行的。

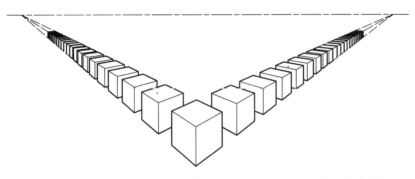

由于物体近大远小，这些连线逐渐收缩靠近，最终交汇于远处一点，物体在此无限缩小以至消失，这个点就称作消失点，也叫作灭点。

5.1.3 视平线

物体的所有消失点都位于视平线。

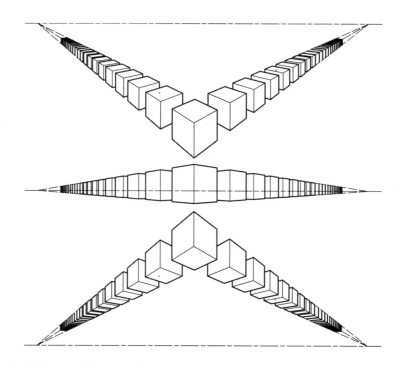

物体排列位置不同，外廓连线沿着不同的方向交汇于消失点。所有消失点高度相同，位于同一条水平线，称作视平线，表示观看时的视点高度。

视点上下移动，视平线同步升降，透视画面随之改变。

5.1.4　长方体

实际的水平线条变为倾斜的透视线，指向消失点。

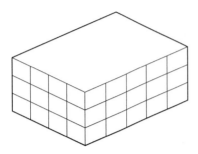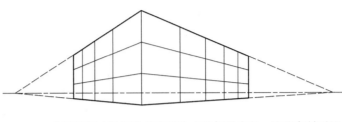

透视绘图以长方体为基础。长方体的横向线条实际是相互平行的水平走向。

在透视图中改变为指向消失点的倾斜走向，这些变斜了的线条称为透视线。长方体竖向线条走向不变，仅在尺寸方面体现近大远小。

5.1.5　一点透视与两点透视

有一种特殊的情况——完全正对地观看建筑物的某个立面。此时X轴向的横向线条保持平行走向，没有消失点。透视图仅剩下一个Y消失点。这样的透视图就称作一点透视，也叫作平行透视。①

更普遍的情况则是侧向地观看建筑物，见②（a），透视图具有X、Y两个消失点，相应地称作两点透视，也叫作成角透视，见②（b）。

通常表现建筑时宜取两点透视，表现室内时宜取一点透视。

正向观看形成一点透视图；侧向观看形成两点透视图。

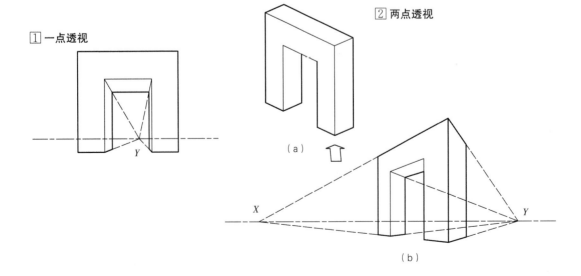

① 一点透视

② 两点透视

（a）

（b）

③ 一点透视与两点透视的选用

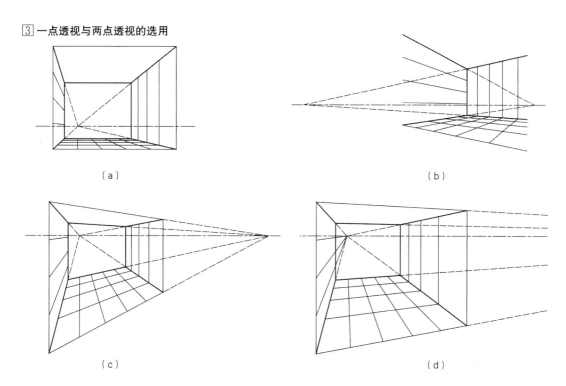

（a）

（b）

（c）

（d）

　　表现室内时常见的情况是正对某个墙面，形成一点透视，见③（a）。一点透视能够展现连续的三个墙面，空间平稳、变形不大。室内两点透视适宜表现两墙转角的局部空间，见③（b）。当描绘较大场景时，两点透视容易导致空间变形扭曲，见③（c），通常采用折中的办法——以一点透视为基础，附加一个"很远的"第二消失点，以控制失真，见③（d）。

5.2 尺寸比例

5.2.1 比例关系

透视图中尺寸近大远小，不存在二维制图中固定的缩尺比例。透视图中的"比例"是指各线段之间视图尺寸的相互关系。经常需要以既有线段的视图尺寸为基准，按比例缩放得到其他线段。

5.2.2 表观精度

透视图注重表观效果。制作精度第一在于透视线对准消失点，第二在于各竖线与视平线相互垂直。

手绘必然存在制作误差。尤其从几个局部分别拉出透视线时，经常导致本该交汇的点不能交汇，本该平行、垂直的线不能平行、垂直。此时应以视平线为基准，逐一检查各线条的水平、垂直精度；以消失点为基准，逐一检查各线条对准消失点的精度。务必调整到使误差分散隐匿，而避免集中显现！

5.2.3 目测比例

"比例"划分的精度以视觉效果为准，类似绘画。通常不用尺量，仅凭目测。教程图示中精确的圆弧段划分只是便于说明概念，实践中应以目测概略划分。

5.2.4 估算幅面

绘图之初就要运用"比例"估算全图幅面。

对于室内透视，假如图面外围顶足纸边，正对视线的远端后墙面，其宽度约为纸宽的五分之二。较为精确的比例是$2b/（2b+3d）$，其中b为后墙面宽度的实际尺寸，d为纵深的实际尺寸。设若纵深等同墙宽，则该值为2/5。（参见5.7节）

5.3 绘制流程

绘制流程分为基本框架—理想角度—外围边界—细节划分—形体加减。

5.3.1 基本框架

第一步搭建一个基本框架。包括：视平线，与视平线垂直的纵横墙面转角竖线，两个或一个消失点。消失点的位置决定着画面观感，本书推荐"理想角度"选取消失点。（详见5.4节有关内容）

5.3.2 外围边界

第二步框定外围边界。对于室内环境，"外围边界"就是画面的视图尺寸，由正对视线的远端后墙面"放大"到画面最前端形成。"外围边界"取决于画面的纵深，即纵向墙面在画面中看到的长度，当纵深加大时外围边界也相应增大。①

①外围边界决定纵深

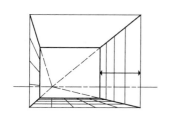

纵深较小，边界也小

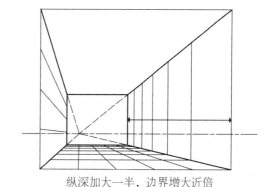

纵深加大一半，边界增大近倍

5.3.3 细部划分

第三步，按所需比例划分形体各个细部。所有竖向线条都可以直接划分。至于横向线条，如果没有消失点（一点透视中沿*X*轴向），也可以直接划分；如果有消失点（一点透视中沿*Y*轴向，两点透视中*X*轴、*Y*轴向），就必须运用透视线划分的方法。

5.3.4 形体加减

第四步，从各分段点出发，绘制诸多透视长方体，反复进行形体的加、减操作，最终"修饰"出需要的长方体组合造型。

另外，绘制三角形、圆弧及其他特殊造型时，还需要补充一些技法。初学者宜先回避特殊造型，等到熟练掌握长方体的基本操作之后，再专攻难点。

5.4　室内理想角度

　　室内一点透视的画面观感涉及两个方面：第一是上下顶地之间和左右纵墙之间的舒展与紧缩对比，由观看时的视点位置决定，在画面上体现为消失点与后墙面的上下、左右位置关系；第二是后墙面与顶地、纵墙之间的比例关系，体现了画面的纵深感。第二项将在5.5节中介绍。

5.4.1　九宫外角

　　消失点应当位于后墙面上、下1/3和左、右1/3的外侧，即所谓九宫格的外角四宫范围内，见 $\boxed{1}$ 阴影部分，以期疏密对比，画面生动，切忌正中，见 $\boxed{2}$ 。

$\boxed{1}$ **消失点宜于九宫格的外角的宫格内**　　　　$\boxed{2}$ **消失点忌正中**

　　　　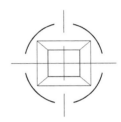

　　$\boxed{3}$ 说明了消失点在后墙面中左右位置改变对左右纵墙之间舒展与紧缩的影响。$\boxed{4}$ 说明了消失点在后墙面中上下位置改变对顶地之间舒展与紧缩的影响。$\boxed{5}$ 中墙面舒展有利于充分描绘装修造型与家具、陈设；紧缩则便于虚化细节，一笔带过。视点偏低时顶面舒展，适于表现顶棚层次、灯具造型，也使空间更显高大，见 $\boxed{6}$（a）；视点偏高时地面舒展，适于详尽表现平面布局，见 $\boxed{6}$（b）。

消失点位于九宫格外角四宫。

$\boxed{3}$ **消失点偏左或偏右的效果分析**

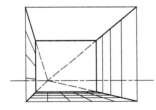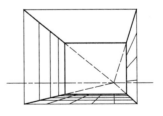

消失点偏左，左墙紧缩右墙舒展　　　消失点偏右，右墙紧缩左墙舒展

4 消失点偏上或偏下的效果分析

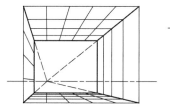 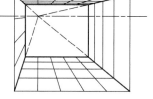

消失点偏低,地面紧缩顶面舒展　　　消失点偏高,顶面紧缩地面舒展

5 墙面舒展利于描绘细部

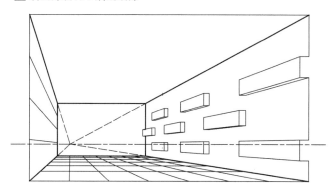

视点偏左,右墙舒展利于充分描绘造型细节

6 视点偏高或偏低的效果分析

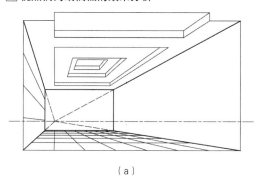 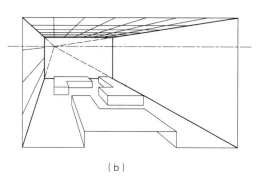

（a）　　　　　　　　　　　　　　　　　　（b）

5.4.2　绘制步骤

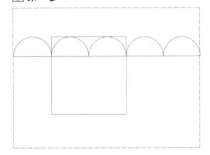

绘制远端后墙面，控制视图尺寸小于2/5纸幅（参见5.2.4有关内容）。①

⬜ 第二步

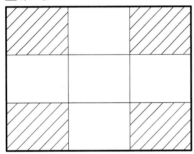

确定消失点，按左右墙、顶地面的表现侧重选取四宫之一。②

⬜ 第三步

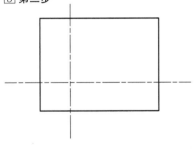

过消失点作视平线（此辅助线对于后续操作中的实时调控不可或缺）。③

⬜ 第四步

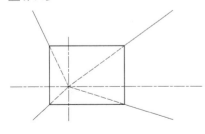

自横墙面四角，对准消失点，向外侧拉伸四条透视线（充分延长），此即为左右纵墙与顶面、地面的相交线。④

5.5　室内外围边界

室内的"外围边界"就是远端后墙面"放大"到画面最前端的视图尺寸。后墙面与"外围边界"的近大远小对比体现了画面纵深感的强度。视点的远近（视距大小）决定了纵深的视图尺寸，进而决定了外围边界。

5.5.1　纵深取值

为使画面最前端的外围边界在观看时不产生变形失真，视角应小于90°，视距应大于外围宽度，即横墙面宽度的2/3。从后墙面开始计算则视距至少等于2/3横墙宽度加上纵深尺寸。①（a）

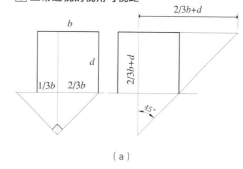

① 正常透视的视角与视距

（a）

根据45°角（90°视角的一半）得到一个简单的结果：舒展一侧的纵墙，到外围边界为止的水平向视图尺寸，数值上等于实际纵深尺寸。①（b）

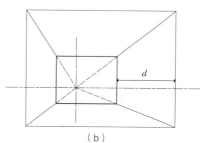

（b）

视距—外围边界取值的增减可以改变纵深感强度。视距近、外围边界增大时类似广角镜头，使小空间扩张饱满；视距远、外围边界减小时类似长焦镜头，使大空间平缓舒展。视距太近太远都会使画面变形失真。②

舒展侧纵墙取值纵深尺寸，据此框定外围边界。

② 变形透视的视角与视距

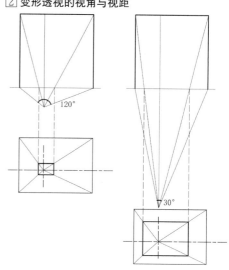

5.5.2 绘制步骤

1 第一步

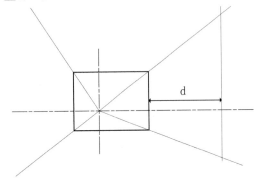

选择离消失点较远侧的后墙面边界线，沿水平方向向外量取纵深尺寸 d 作竖向线条，此即为外围边界线，见 1 。注意，这里的纵深尺寸，必须以后墙面尺寸为基准，按比例缩放获取。

2 第二步

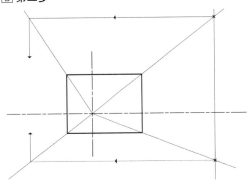

此竖向线上下延伸，与墙顶、墙地上下两条透视线相交，见 2 中右竖线。

过上下两个交点，分别引水平线与另一侧的上下两条透视线相交，见 2 中上下横线。

3 第三步

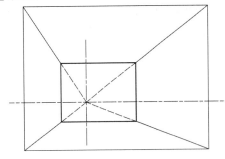

连接最后两个交点，得到一条竖线段（垂直于视平线），此即另侧纵墙的外围边界线。 3

至此完成了画面最前端的四条外围边界线。这四条线均为绘制过程中的辅助线，不具有实际造型意义，在完成的作品中应予擦除。

5.6　细部划分

　　作完外围边界，透视形体已具备基本框架。然后就要根据局部造型的具体尺寸，不断进行加、减操作，"修饰"出最终的形体组合。局部造型的尺寸均以画面的既有尺寸为基准，通过比例划分来取得。

　　建筑的竖向线，室内的竖向线和一点透视中后墙面上的横向线，都可以直接划分比例。建筑的横向线，室内纵深方向的横向线，则是近大远小的透视线，不能直接划分，必须运用以下几种专门的方法。

5.6.1　对角线法

　　竖向放置的长方形，在竖向线上按某种比例进行划分，借助一条对角线，可以将这种比例"转译"到斜向的透视线上。选择两条不同的对角线，划分的比例将互呈镜像。[1]

[1] 借助对角线确定比例关系

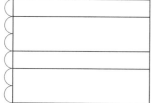

竖向放置的长方形
竖向线上按某种比例划分

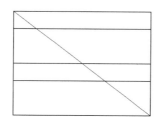

作一条对角线
与横向划分线相交

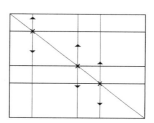

过对角线与横向划分线的各
交点，分别绘制竖向线

竖向比例划分"转译"为横向

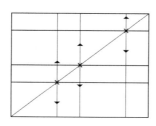

若换用另一条对角线

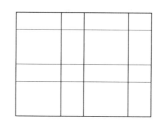

划分比例将与此前呈水平镜像

　　如[2]所示为室内一点透视中左右纵墙的比例划分。此法可在纵墙上进行划分，见[2]（a），也可在地面、顶面上进行划分，见[2]（b）。

[2] 一点透视中用对角线进行比例划分

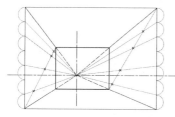

纵向线上的划分比例，利用对角线转译到
横向纵墙上的横向透视线应对准消失点

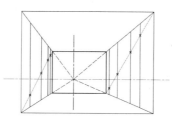

对角线方向不同，将得到相反的划分
比例

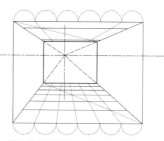

横向线上的划分比例转译到纵深方向

（a）

（b）

5.6.2　消失点法

如图①—④所示。

① 消失点法绘图

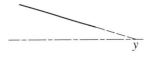

（a）任意一段透视线左侧为近，
右侧为远。从其近侧端点，顺该
线方向作一条水平线

（b）自近侧端点，顺透视线方向
作水平线，按所需比例划分（示
例为等分）

（c）从水平线末尾分段点，连
接最远侧端点，延长相交于视平
线，得到一个消失点

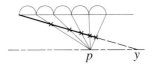

（d）该消失点连接各分段点，与
透视线相交各交点即为透视线上
的比例划分点

此方法随意灵活，可适用于各种场合。

② 消失点法应用示例

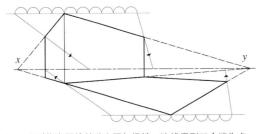

（a）分别作水平线等分立面与场地，连线得到四个消失点

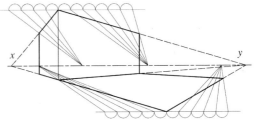

（b）各消失点分别连接分段点，相交于立面、场地透视线

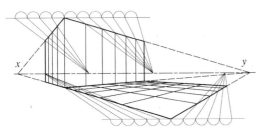

（c）自立面透视线上划分点作竖线；
自场地透视线上划分点对准x、y消失点拉系列透视线

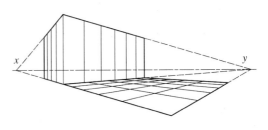

（d）立面与场地的透视等分造型

3 消失点法在室内一室透视中的运用

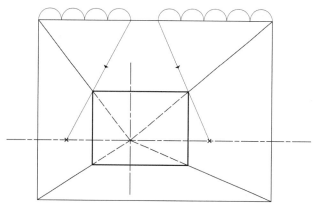

（a）自近侧端点远侧，沿水平线作比例划分（示例为等分）划分末端点
连接透视线末端点，延长相交于视平线

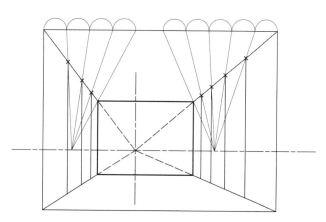

（b）由此消失点，连接水平线上各分段点，与透视线相交过透视线上各
交点，得到纵深方向的比例划分

4 消失点法在室内两室透视中的运用

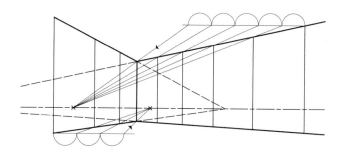

第一步

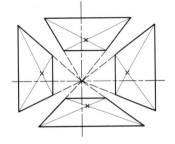

任意一个长方形，连接两条对角线，相交得到形心。

第二步

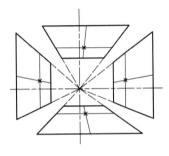

过此中心点可沿两个方向平分长方形。

第三步

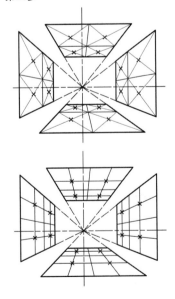

重复操作可以得到偶数段的多段等分。

5.6.4　日字延伸法

第一步

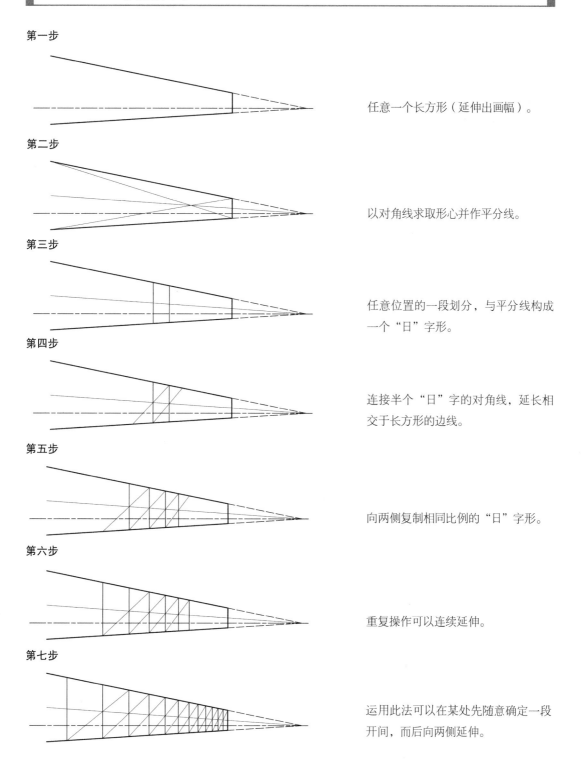

任意一个长方形（延伸出画幅）。

第二步

以对角线求取形心并作平分线。

第三步

任意位置的一段划分，与平分线构成
一个"日"字形。

第四步

连接半个"日"字的对角线，延长相
交于长方形的边线。

第五步

向两侧复制相同比例的"日"字形。

第六步

重复操作可以连续延伸。

第七步

运用此法可以在某处先随意确定一段
开间，而后向两侧延伸。

5.6.5　关于辅助线

细部划分环节需要制作大量辅助线，局部造型集中的地方，画面将变得模糊不清，容易混淆出错。为此建议：

（1）先用铅笔作图，一旦绘制到形体部分，随即将形体线段勾上墨线，如此随作随勾，使需要的形体不被众多辅助线淹没；

（2）连线之类的辅助线不必绘出整条线段，仅画短线标示出交点、分段点即可。

5.7 特殊造型

初学者宜先回避特殊造型，等到熟练掌握长方体的基本操作之后，再专攻难点。

5.7.1 八点画圆法

如图①—③所示。

① 八点画圆法原理

（a）正方形内接圆形，作正方形纵横轴线和两条对角线，与圆周相交于八点，其中圆周与轴线的交点也是圆周与正方形四边的切点

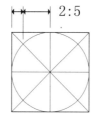

（b）圆周截分对角线呈内外（√2−1）∶1，约2∶5的比例

（c）纵横轴和对角线上的八点作为画圆控制点

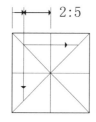

（d）在正方形半边长上量取2/5的比例，再转移到对角线上

（e）得到四个切点和四个交点

（f）以弧线连接八点绘成圆周，四个切点处保持切线方向以控制圆弧形态

② 透视图中应用八点画圆法

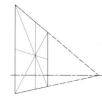

（a）在透视图中，先作圆形的外接正方形，画出纵横轴和对角线

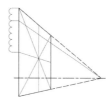

（b）在无消失点的边线上（首选竖边）量取2∶5的比例

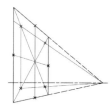

（c）拉透视线将划分比例转移到对角线上

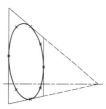

（d）由此获得八个特征控制点，连接八点"修饰"成圆周

注意：在切点处保持切线方向，尤其当切线是透视线的时候。

3 **透视图中用八点画圆法画半圆和四分之一圆**

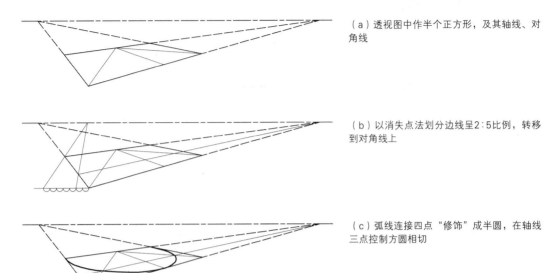

（a）透视图中作半个正方形，及其轴线、对角线

（b）以消失点法划分边线呈2:5比例，转移到对角线上

（c）弧线连接四点"修饰"成半圆，在轴线三点控制方圆相切

5.7.2　网格定位法

此法适用于所有的复杂圆弧组合与自由曲线造型。1

1 **网格定位法示例**

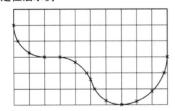

（a）首先在造型的平面图上绘制方格网，标示出造型与网格的各个交叉点

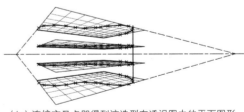

（b）连接交叉点即得到该造型在透视图中的平面图形

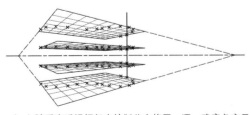

（c）随后在透视框架中绘制此方格网，逐一确定各交叉点位置

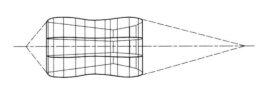

（d）最终完成改造

5.7.3　视平线高度法

视平线的高度在同一幅透视图中是固定不变的，借此可以按比例获取任意造型的高度。此法普遍适用于临时添加造型，而不方便从邻近墙面推延高度尺寸的情况。

第一步

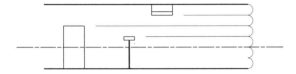

（1）视平线高度位置在同一幅透视图中是固定不变的，观察各造型高度尺寸与距离视平线尺寸的比例关系。

第二步

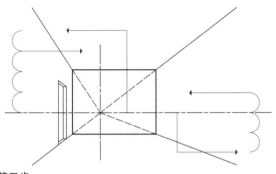

（2）临时添加造型时，先绘出其基点位置，再标示基点与视平线的距离。

第三步

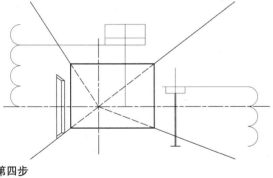

（3）根据造型高度尺寸与距离视平线尺寸的比例，确定其透视中的视图尺寸。

第四步

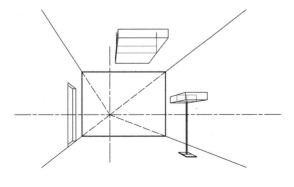

（4）再按高度和其他们尺寸之比，完成整个造型。

5.8　室内体形加减

室内一点透视的加减操作，相比建筑更为清晰简便。形体横向无透视变形，横平竖直，可以直接按比例量取尺寸；纵向透视引线仅有一个消失点，不至于混淆。

定位形体横向高、宽时，尽量自外围边界（后墙面放大到最前端处）量取尺寸，避免在后墙面量取。因为制作误差是不可避免的，前端定位有利于误差向后缩减，后端定位易导致误差向前扩大。

5.8.1　增添家具

下述示例为室内家具形体的绘制。透视线框阶段仅需制作长方体外廓，细部特征留待后续添加。

第一步

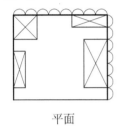 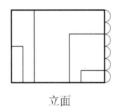

平面　　　　　　　立面

两图分别标示了家具平面与房间纵横尺寸的关系，家具立面与房间高度的关系。

第二步

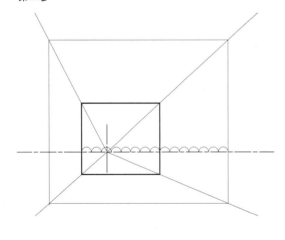

绘制房间透视。先作后墙面，再按纵深与后墙宽度之比确定外围边界。

添加家具是室内体形加减的主体内容，虽然工作量大，但技法单纯，操作简便。唯当形体众多时有大量遮挡，应注意选择合理视点。

第三步

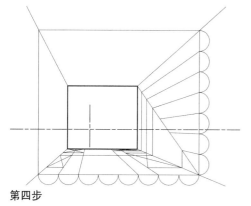

定位各家具的平面底廓。横向位置可在外围边界的地面上直接量取；纵深位置需要以对角线法划分纵墙后确定。

第四步

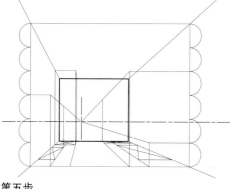

于外围边界的左右纵墙上定位家具高度。设想各家具顶靠外围边界，根据外围上的高度拉升家具，相当于外围上的立面投影；自各顶角向后拉透视线，绘制一系列紧靠外围的长方体。左后家具因高达顶棚，可沿纵墙直接拉升抵达墙顶交线。

第五步

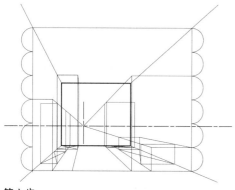

绘制各家具的立面廓线。自各家具平面的底廓顶角绘制竖线，上升相交于先前的透视线。

第六步

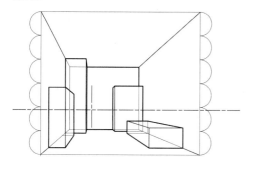

擦除遮挡部分，完成形体。

示例室内墙面具有局部凹凸时的加减处理。遇到此类室内空间时，首先应当确立一个完整的矩形平面，在此基础上加减凹凸。若以最远凹入，或最近凸出的界面为基础，将会造成更多的加减操作，或增加工作量，或增加技法难度。

第一步

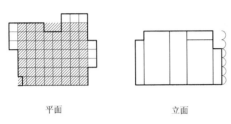

平面　　　　　　　立面

两图分别标示了带有凹凸的房间平面，和凹凸局部与房间高度的关系。以矩形阴影部分作为绘制房间透视的基础平面。

第二步

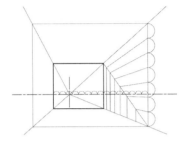

根据矩形阴影绘制后墙面和外围边界，划分纵深比例。

第三步

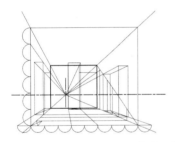

定位各界面凹凸局部的平面底廓和洞口高度，定位方法与前例的家具操作基本相同。左右洞口横向内凹尺寸，可在外围边界的地面上按比例向两侧延伸量取。

第四步

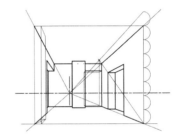

求取后墙面洞口的内凹尺寸。由于局部内凹超出了现有纵墙的范围，需要即时运用透视划分方法求取尺寸，先采用对角线法。沿用纵墙划分的对角线并向内侧（远侧）延长，将竖向等分向上延伸一格，相交得到纵深的延伸尺寸，遂向下作竖线定位洞口内凹深度。

第五步

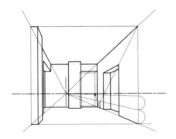

示例日字延伸法。紧靠后墙，选取纵墙上两格高度，作日字对角线，将两格高度转化为两格深度。

第六步

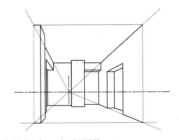

擦除遮挡部分，完成形体。

墙面凹凸与增添家具相对照，大多是内容的不同，而非技法的差异。内凹部分超出既定矩形范围时，横向只要左右延伸外围，仅在纵向内凹处需要增加透视划分。若欲避免此项操作，可以将后墙面选定在最远的凹入位置上，以增加绘制前凹的简单操作来抵消绘制后凹的技法难度。

5.8.3 顶地凹凸

示例室内具有顶面、地面局部凹凸时的加减处理。遇到此类室内空间时，宜根据顶面的最高部分、地面的最低部分来绘制后墙面和整个房间透视。然后在最高、最低部分的基础上添加"凸出"的造型，如同绘制家具和面外凸的过程。

第一步

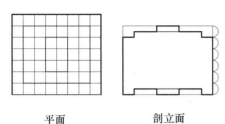

平面　　　　剖立面

两图分别标示了带有顶、地凹凸的房间平面，和顶、地凹凸与房间高度的剖面。以最高、最低部分确立后墙面。

第二步

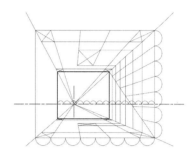

根据外围顶、地面和纵墙上的划分定位顶、地凹凸的底廓线。

第三步

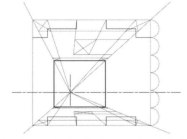

在外围顶、地面上作出顶、地凹凸的剖面高度。设想所有凹凸顶靠外围边界，如同绘制家具时的情形。

第四步

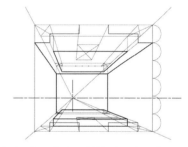

自剖面凹凸顶角向远处拉透视线，自顶、地凹凸底廓作竖向线，相交定位造型。鉴于多层次凹凸容易混淆，宜逐一制作，即时勾描。如图先绘制顶、地外圈造型完成的局部勾描粗线。

第五步

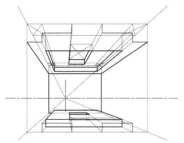

绘制顶、地内圈造型。同样由剖面定位高度，与顶、地位置的竖线相交，由于地面近视平线，内凹遮挡；而顶面远视平线，内凹可见。

第六步

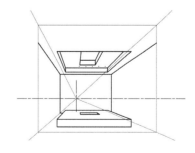

擦除遮挡部分，完成形体。

接近视平线的凹入造型，其内部遮挡，难以充分表现。因此在选择视点高度时，造型丰富的顶面、地面应尽量远离视平线，参见5.4节。

第 6 章

图纸排布及版面组织

6.1　图纸排布

设计师在完成方案设计之后，需要对设计成果进行完整而系统的展示。这不但需要提供相应的设计图纸，还需要对一系列图纸进行优化组织和排布，以期达到两个目标：一是满足读图的审美需求，保证设计成果的整体美学品质；二是为图纸提供清晰的逻辑层次，便于对信息的组织与查询。这就要求设计师兼具一定的平面设计能力，并掌握基本的图纸排布方法和版面组织技巧。

6.1.1　图纸形式

室内设计的图纸在排布之前，设计师首先需要根据设计基地大小、比例要求和图纸成果要求设定相应的图纸形式，在图纸型号上一般会选择A1、A2、A3、A4号图纸。

A1和A2图面较大，可集中多张图于一身，让人一目了然无须翻阅，且横版、竖版构图皆可，增加了排版的灵活性。特别是经过裱版之后的A1、A2图更具展示效果，方便对学生作业的评图和对企业方案在汇报过程中的展示。

以A3图纸呈现的方案一般图纸数量会较多，所以通常会装订成册，成为通称的"A3文本"。文本如书籍般通过目录和页码建立图纸的逻辑顺序，其系统性和可查阅性优于大图，所以针对设计较深、图纸数量较多的方案，多以文本的形式加以表达。鉴于翻阅的习惯性，A3文本大多为横板左侧装订的形式，也有些选择竖版上侧装订。除此之外，有时为了便于携带也会设计成A4文本，或者将A3文本打印后再经裁切成方形等形式的小开本文本。

6.1.2　图纸序列

设计图纸的排布需要遵从人们读图的过程中认知思维建构的序列性，以一定的先后顺序进行呈现。这个顺序一般为：先总体，后局部；先主要，后次要；先底层，再上层；先方案，后细部。如此，使图纸的排布形成一个完整的逻辑脉络。

具体表现在大图的排版上，序列一般为：先呈现概念分析图、设计说明、平面图、顶面图，再呈现立面图、效果图，最后呈现节点图、材料意向图等。然而也并非绝对，比如有时会把室内效果图放在方案最开门见山的地方让人先睹为快，有时会把立面图和平面图并置以方便读图者比照，等等，一般只要逻辑脉络清晰都是可行的。[1]

文本的排布同样遵循上述原则，除了加入封面、封底、目录等页面，有时为了让方案更具条理性，也可把图纸分为几个部分，在各部分之间加入扉页。例如[2]所示的一套文本的排布序列：从封面开始，目录、设计说明、概念分析图成为具有总体介绍性质的文本的第一部分；扉页、一层平面、一层顶面、一层立面、二层平面、二层顶面和二层立面为主要图纸部分，成为文本的第二部分；扉页、局部平面图、局部顶面图和局部立面图为第三部分；扉页、节点详图一和节点详图二为第四部分；扉页、一层效果图、二层效果图和局部效果图为第五部分；扉页、主要材料表和材料选用例图为第六部分；最后加入封底。当然文本排布的序列也并非绝对，以上仅为示意一种模式，在由总到分的大原则的限定下，逻辑的链条可以灵活设计。

① 图纸排布序列示意图

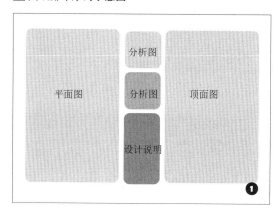

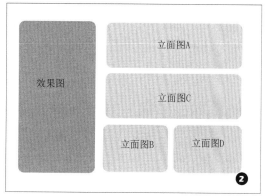

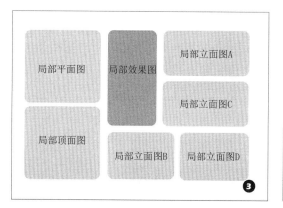

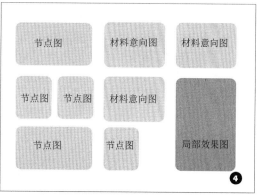

② 文本排布序列示意图

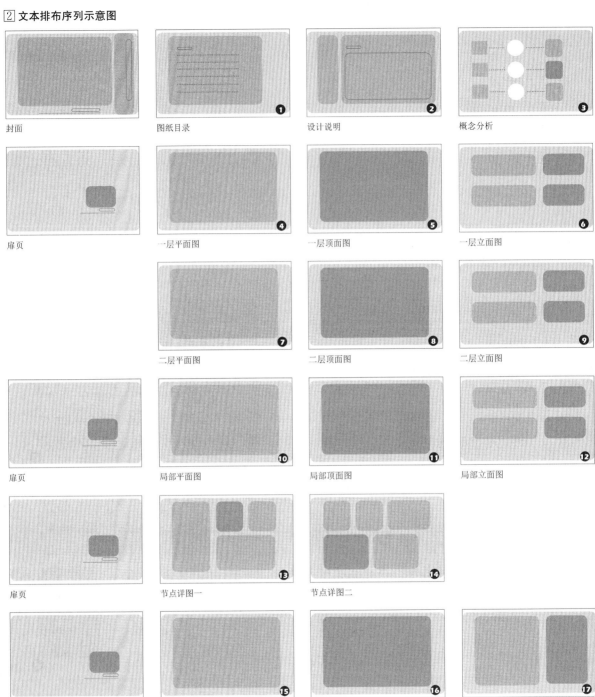

封面

图纸目录 ❶

设计说明 ❷

概念分析 ❸

扉页

一层平面图 ❹

一层顶面图 ❺

一层立面图 ❻

二层平面图 ❼

二层顶面图 ❽

二层立面图 ❾

扉页

局部平面图 ❿

局部顶面图 ⓫

局部立面图 ⓬

扉页

节点详图一 ⓭

节点详图二 ⓮

扉页

一层效果图 ⓯

二层效果图 ⓰

局部效果图 ⓱

扉页

主要材料表 ⓲

材料选用例图 ⓳

封底

6.1.3　图的对位关系

在图纸上图块的放置位置不可随意为之，图块与图块之间需要保持一定的对位关系，如保持位置持平、对齐或邻近关系，这既是美观上的需要，也是满足读图时尺寸参照、空间位置比对的需要。

比如通过 ①，可以看到当平面图和顶面图并置时，保持持平放置的两个图可以给读图者提供更多关于平面、顶面对应位置关系的信息，而不保持位置对应的两个图块则仅具有图块自身的信息且丧失位置上的尺度对应关系；再如，当相同比例的平面图和立面图放置在一起时，保持位置对应的平面图和立面图比缺乏对应关系的图块并置更易于读图者理解空间的位置关系，把握整体效果；当某空间的四个连续立面放置在一起时，将平面上按顺时针方向上两两相邻的立面顺序排布，比按逆时针或混乱排布更易于为读图者建立连贯而明晰的空间概念。

由此可见，图块的排布不仅关乎图纸的空间大小和美观因素，还要通过图块间的位置与邻近关系为读图者建立一定的逻辑和参照性，这就需要在图纸排布时预先进行设计和思考。

① 图块对位关系示意图

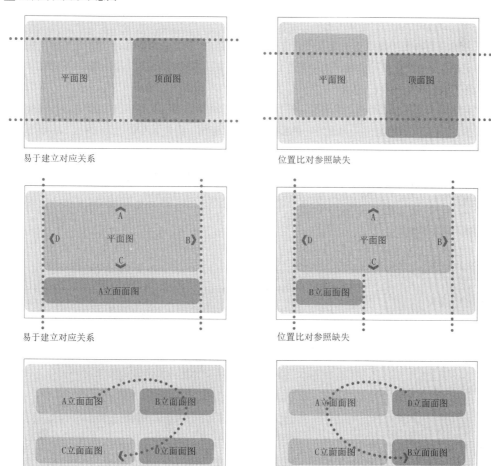

易于建立对应关系　　　　　位置比对参照缺失

易于建立对应关系　　　　　位置比对参照缺失

易于建立空间概念　　　　　空间概念易混淆

6.2 版面组织

6.2.1 版面的组成

常规版面的组成一般包括三大部分：标题部分、图纸部分和装饰部分。其中标题部分包括项目名称、图名、设计方名称及相关信息等，这些信息的有效组织构成图纸上的标题栏，有时结合页码在一起，有时页码独立于标题栏设置；图纸部分包括相应的图纸、标注、图名和比例等信息，占据图面的大部分；装饰部分是为了使图纸更加饱满和美观而加入的一些装饰元素，如作为图纸背景的底图或为平衡图纸而设计的压线等，当然把经过设计的标题栏作为图纸装饰要素也是较为多见的手法。

对于A1和A2大图而言，一般需要在每页图纸上设置显著的标题栏，且标题栏的格式应保持统一，以使整套图纸具完整性和顺序性。而对于A3文本而言，标题信息在文本封面上已有所表述，所以在内部图纸页上可仅标示该页图纸的标题和页码，或忽略标题栏而仅用局部装饰要素统一整套文本。

6.2.2 版心和网格系统

图纸排布时还会涉及平面设计中版面设计或书籍装帧领域的几个基本概念："版心"和"网格系统"。这将是版面条理化组织的关键，如果在整套设计图纸中没有预先设定版心及网格，图纸间就会缺乏联系，显得松散而杂乱。

版心是指为图纸内容放置而设定的线框，线框将预留出图纸的上下边距和左右边距，然后把所有图纸要素几乎都设置在这个线框之内，从而统一整套图纸。预留边距一般上下对称，左右对称。但需注意，如需装订的话，装订侧的边距需要比对侧的边距多留出5～10mm，因为装订的缘故，翻页处会比实际边距窄。在整套文本中，页码可置于版心之外。版心虽然是对于图纸排布位置的框定，但也非绝对，偶尔将图片的部分设置在版心之外，可以给平淡的版面带来些许变化，给人轻松的感觉。[1]

[1] 版心与网格系统示意图

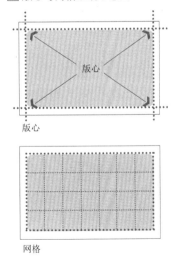

版心

网格

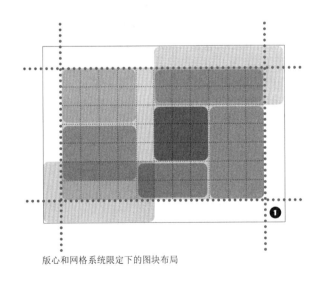

版心和网格系统限定下的图块布局

网格系统也叫栅格设计系统，是通过参照一个经过定义的格网来设置图片，使图片的放置位置都遵循这一格网，从而使一系列页面具有暗含而统一的组织，这一设计手法在二战后被普遍采用。网格系统一般为矩形的，具有统一模数的格网，网格设置的大小和密度是根据所需排布的图纸和文字的大小来界定的，定义好的网格就成为图纸排布的最小单元，图块在图纸上可占据一个、两个，或多个网格。这些网格只在排版的过程中是可见的，并不在最终图纸上出现，读图者通过"完形心理学"的作用会发现图纸所保持的均一的节奏，使整套图纸具有系统性。

虽然网格构图能够使图纸具有系统性，但是另一方面也会使图纸失去灵活性，显得单调，一般预设网格越大图纸越容易单调，网格越小灵活性越高。在进行一些大图的排版时，有时会因为元素较多或图块比例固定无法纳入预设网格系统，此时或者设计多组网格系统，或者在遵从版心和固定的比例分割的基础上，可不必完全拘泥于网格，以活跃图纸。

6.2.3　均衡构图

在排版的过程中还要注意各要素之间的重心与平衡，其诀窍就是把所有的图和文都转化成等比的"轻重"关系来处理。要素的轻重由其面积和颜色来决定，面积大的分量重，颜色通过转化成灰阶后色彩越深的分量越重，文字则密度越大的、字体越粗的、字和行间距越小的，折合成灰阶后分量越重。

在排版时应把所有要素按照上述方法转化出轻重关系，然后排布这些不同轻重的要素在图纸上的位置，使其平衡于图纸暗含的水平和垂直重心周围，使同等灰度的在面积上趋于平衡；对于不同灰度的要素，可使面积大颜色浅的和面积小颜色深的保持一种平衡关系。通过此方法的排布，可以在构图上保持均衡的关系，避免图纸出现头重脚轻的感觉。[1]

[1] **构图均衡示意图**

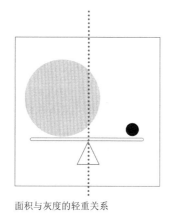

面积与灰度的轻重关系

左右、上下的均衡轴网

平衡构图

6.3 实例解析

以下将通过对三个学生室内设计课程作业实例进行分析，以便更为直观地展示排版的方法与技巧。

案例一，见①，图纸形式为竖版A1大图，方案内容为"工业风"的咖啡厅室内设计。图纸的标题部分采用简洁厚重的黑体英文字体，结合黑灰色工业场景的图案，以横档的形式设置在图纸黄金分割的位置，使标题栏的形象极为鲜明。在图纸下部为了平衡构图，采用灰黑色的装饰压脚，与上部标题栏相互辉映。图纸部分分别设置了效果图、分析图、平面图和两张立面图。效果图放置在图纸最上方，开门见山地展示了设计的总体效果；分析图放在平面图旁以对照说明平面功能组织；立面图放置于平面图下侧，其中主立面设置在平面图下开间对应的位置，以便于读图者了解吧台方向的平、立面关系。这样的对位关系为图纸建立了较强的逻辑性。

图纸排版的格网关系清晰：因为是大图无须装订，所以图边距距离小且对称，版心的面积较大。文字及方案图都设置在版心之中，而效果图和横向的装饰压条则超越版心满幅放置，使画面既有规则又饱满且富于变化。因为图块的面积较大，所以图纸的格网关系较为概括，追求连贯和谐的比例关系，运用横向条带状格网界定整个版面，画面均衡而富有张力。

案例二，见②，图纸形式为横版A1图，方案内容为珠宝体验店的室内设计。图纸横向在黄金分割处分为两部分，纵向分为三部分。标题栏位于左侧横向腰线之上。整体色调运用淡蓝、冷灰和黑色组成，契合珠宝店冷艳高贵的格调，其中黑色部分分别位于图纸左侧腰线处、右上方和右下方，三者均匀地平衡了构图。图纸的逻辑关系为，左侧上方为平面图和顶面图，二者位置相对应便于彼此参照，下方为室内立面图以及主视点效果图，右上方为外立面图和外立面效果图，同样方便对照读图，逻辑关系清晰。

在版心和格网关系方面，该图纸也设置了较为饱满的版心，四方边距均一。内部的横纵格网交织在一起形成了具有构成感的点、线、面关系，图块按照这一格网关系秩序性穿插，图块之间条带的宽度保持一致，整体画面既具有显著的秩序性又具有构成的美感。

案例三，见③，图纸形式为横版左侧装订的A3设计文本，文本内容为酒吧室内及店面设计，该设计以服务建筑师群体为设计的切入点，不但在室内的装饰要素中能够看出极具构成感的建筑风，而且在整套文本的排版布局、字体选用上都与之呼应，使设计具有整体性。文本采用黑白灰为主色调，封面和封底以黑色为底，图纸部分以浅灰为底配以黑色标题栏，使文本的层次性十分鲜明。封面和封底以酒吧外立面的Logo为装饰要素，在开篇暗示了设计的风格，再由结尾进行扣题。文本的内容页设有统一标题栏，标明了标题名和页码，同时厚重的英文字体和黑色压线又成为图纸的装饰，使页面上下"分量"均衡。

该套文本图纸排布的先后次序为：图纸目录、设计说明，然后是平面图和顶面图，在平面图上标有七个视点，在店面外立面图之后依次是这七个视点位置的立面图，进而是局部空间即包房的平面图、顶面图、立面图，然后是概括了设计所需材料、家具、灯具具体形式的材料意向图，最后是五张不同视点的效果图。其逻辑顺序完全符合由整体到细部的原则，逻辑脉络清晰。

文本的版心和格网关系方面，通过加设辅助线，可以明确地观察到全套文本具有预设的统一版心和格网。以图纸目录页为例，辅助的红色虚线框定了文本的版心：上边距与下侧标题部分的宽度一致，版心上下对称。而左右则为非对称形式，左侧边距较右侧边距更宽，作为左侧装订文本的预留距离。下侧标题栏的内容部分中，页码数字与左侧版心线严格对应，而右侧英文标题则超出右侧版心线直至页边缘，这里具有一定的活跃性。辅助的蓝色虚线标示了文本的格网关系，从版心向内两条纵线设定了图纸垂直方向的对位关系，水平的两条格网线标示了图纸高低的两种对位下线，使较宽的图块如平面图、效果图、设计说明等统一对齐下部格网，较窄的图块如立面图等统一对齐上层格网，使不同尺度的图块都有所统一。从辅助红色虚线和蓝色虚线向下的纵向延长线可见，整套文本的版心和格网都统一对应，文本内图块的位置都遵循着一致的秩序，美观而具有节奏感。

　　以上三个案例展示了大图（横板构图和竖版构图）和文本等不同形式的图纸类型，通过排版实例以及辅助线的分析可以了解到关于图纸序列性、对位关系、版面组织、版心网格和版面均衡性等相关原理在实践中的应用效果。概括而言，有设计感、逻辑性强、风格一致、格网统一，使方案设计能够更加清晰整体地得以表达，这应该是排版过程中作者力图追求的最终效果。

1 图纸排版分析案例一

工业风咖啡厅室内设计方案，竖版A1图

版心及内部格网关系

2 图纸排版分析案例二

珠宝体验店室内设计方案，横版A1图

版心及内部格网关系

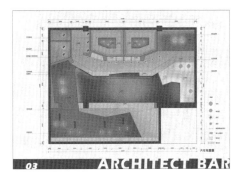

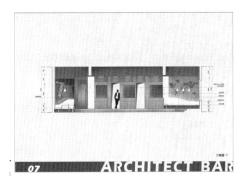

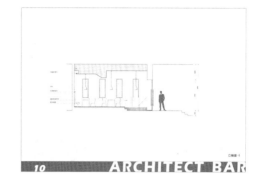

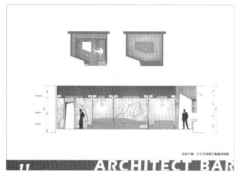

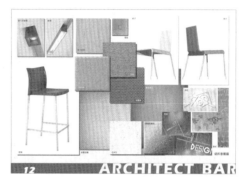

④ 图纸排版分析案例4。两张A1大图，采用基本相同的版面面积，内容分别为建筑外观和室内部分

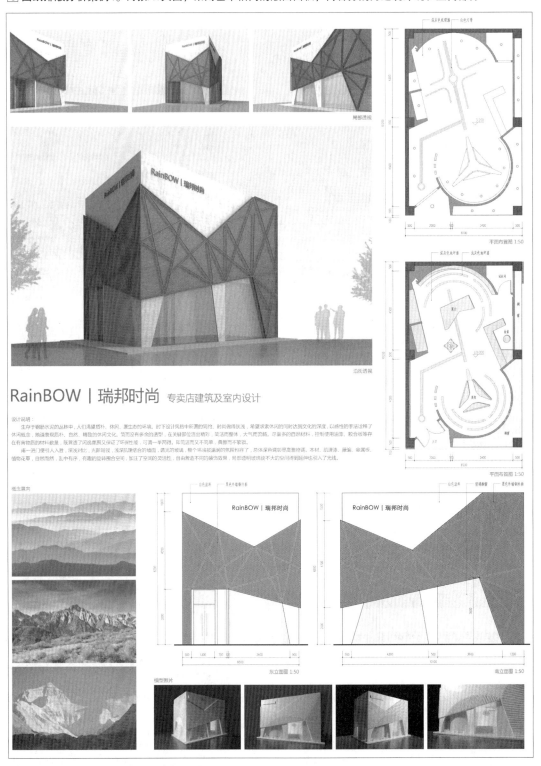

RainBOW｜瑞邦时尚 专卖店建筑及室内设计

设计说明：

生存于钢筋水泥的丛林中，人们渴望质朴、休闲、原生态的环境，时下设计风格中所谓的简约、时尚做得肤浅。单单求素休闲的同时以达到文化的深度，以感性的手法诠释了休闲概念，地道表现质朴、自然、精致的休闲文化。简简没有多余的造型，在关键部位造出精彩，简洁而整体，大气而流畅，尽量多的自然材料，控制使用油漆，配合板等存在有青物质的材料数量，取美语了闲逸景原又保证了环保性能，可谓一举两得。即简洁而又不简单，典雅而不繁饰。

两一进门要引人入胜，深浅对比，光影斑驳，浅深纹理结合的墙面，透光的玻璃，采光跌落台的墙面，整个环境被温润的氛围构得了，总体黑色调即景亮雅搭语。木材、肌理漆、磨编、金属板、植物花草，自然而然，乱中有序，有趣的旋转围合空间，加注了空间的灵活性。自由窜道不同的装饰效果，尽悉透明玻璃使纸不大的空间得到延伸也引入了光线。

平面布置图 1:50

平面布置图 1:50

概念寓向

东立面图 1:50

南立面图 1:50

模型照片

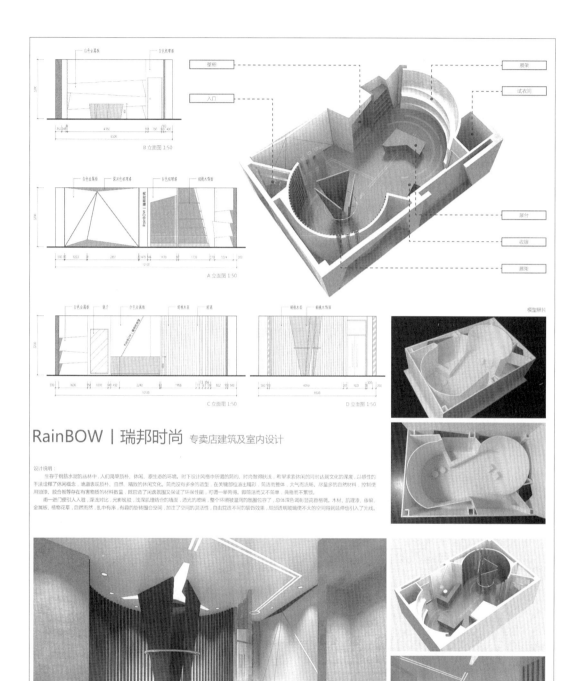

RainBOW | 瑞邦时尚 专卖店建筑及室内设计

设计说明：

　　生存于钢筋水泥的丛林中，人们渴望质朴、休闲、原生态的环境。时下设计风格中所谓的简约，时尚智慧就线，希望求素休闲的同时达到文化的深度，以感性的手法诠释了休闲概念、地道表现质朴、自然、精致的休闲文化。简而没有多余的造型，在关键部位渲出精彩，简洁而整体，大气而流畅，尽量多的自然材料，控制使用油漆、设色板等存在有害物质的材料数量。既酿造了闲逸氛围又保证了环保性能，可谓一举两得，即简洁而又不简单，具卷而不繁琐。

　　甫一进门便引人入胜，深浅对比，光影斑纹，浅深肌理结合的墙面，透光的遮檐，整个环境被温润的氛围包容了。总体深色调那显高贵格调。木材、肌理漆、绿植、金属板、植物花草，自然而然，乱中有序，有趣的旋转回合空间，加注了空间的灵活性，自由营造不同的装饰效果，局部透明玻璃使不大的空间得到延伸也引入了光线。

5 图纸排版分析案例5。两张A1大图，版面统一且左右有所呼应，内容分别为设计分析和成果表现

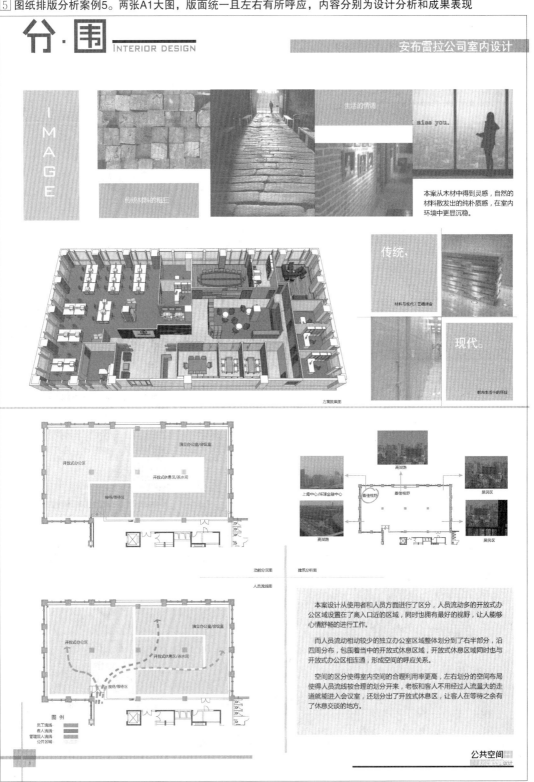

118

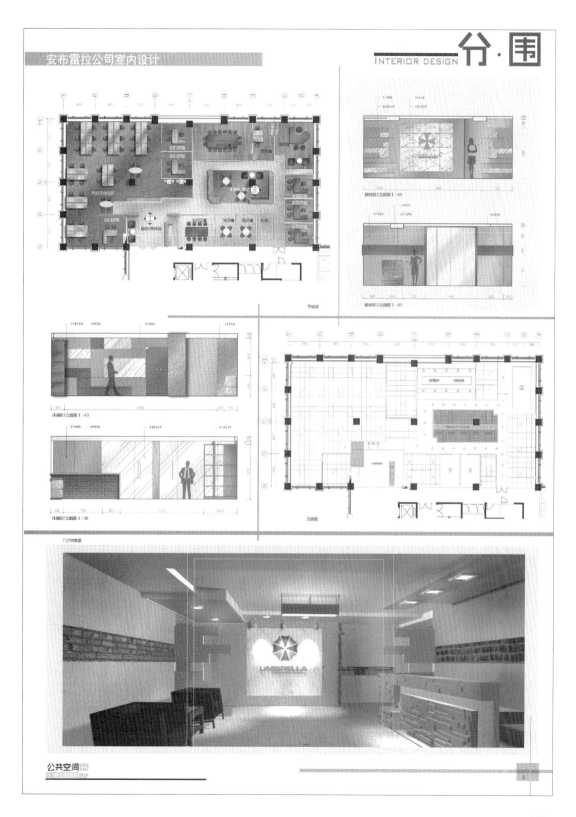

安布雷拉公司室内设计

INTERIOR DESIGN 氛·围

公共空间

第 7 章

工程图纸的绘制与标准

室内设计的工程图纸主要包括平面、顶面、（剖）立面和详图等，其实质是绘制时对空间或者实体进行剖切，取各视向所得到的正投影图。

通常所称的工程图纸即施工图纸，是室内设计图纸的最终阶段，是指导施工工作的重要依据。

而方案阶段的此类图纸主要是为了表达设计者的概念和想法，关注的是设计效果，并不强调细节的做法和图纸的完整性。从工程图纸的绘制深度上来讲，方案图是施工图的简化版本。

7.1　平面图

7.1.1　平面图的概念与作用

平面图就是假想用一水平面在房屋的中间高度位置对其进行剖切，移去上半部分，从上向下看到的室内正投影图。

室内平面图主要详细表达出该房屋剖切线以下的平面空间布置内容，由墙、柱、窗和楼梯等建筑构件和固定（活动）家具、陈设品、绿化及设施设备等内容物共同组成。

7.1.2　平面图的分类

作为室内设计最基础的一类图纸，由于平面图反映的内容比较庞杂，通常会根据表达的内容或专业的需要进行分类，主要有以下各分项平面图：

平面布置图、地坪铺装平面图、家具布置平面图、陈设品布置平面图、绿化布置平面图、立面索引平面图和开关与插座布置平面图等。

为了记录建筑原始结构，同时便于拆除和新建隔墙时进行对比定位，还可以绘制原始建筑平面图、墙体拆建平面图。而大型项目由于面积较大，为了使图纸表达清晰和方便查阅，会先有总平面图，再拆解为各个分区的平面图。

在具体的设计工作中，设计者可以依据设计阶段和设计对象的复杂程度，对上述各种平面图进行合并或者省略。

7.1.3　平面图笔宽常规设置

线型	线宽	选用宽度（mm）	适用内容
粗	b	0.4~0.6	墙、柱的剖切轮廓线
中粗	$0.7b$	0.3~0.4	形体突出构造的剖切轮廓线
中	$0.5b$	0.2~0.3	家具线、洁具线、设备轮廓线、尺寸线、尺寸界线、索引符号、标高符号、引出线、地面高差分界线、窗台线、电梯轿厢等
细	$0.25b$	0.1~0.15	图形和图例的填充线、轴线、折断线、绿化陈设、窗帘线等

注：（备注内容也适用于本书后述其他图纸）

（1）实际选用笔宽时，需要依据出图纸纸张大小和图纸比例来确定笔宽组。如A1纸张可选用笔宽组（粗：0.6/ 中粗：0.4mm/ 中：0.3mm / 细：0.15mm）；A3纸张可选用笔宽组（粗：0.4mm / 中粗：

0.3mm／中：0.2 mm／细：0.1 mm）。在控制线宽层次的前提下，以上宽度也可灵活把握。

（2）柱子或剪力墙等实体填充图形，可以选用70%~80%的灰度，使图面看上去比较清爽。

（3）如果图纸内容相对较少，线宽也可以只设置粗、中、细三个层次，就能够达到图纸清晰、层次分明的效果。

（4）图纸不可只设置一种线宽，否则无法区分不同类型的图元，表达没有层次，更不能粗细设置错误，如门窗线比墙线还粗等。

（5）禁忌绘制彩色的线条图，一般只用清晰的黑色线条或者灰度线条，在黑色或者深色的底图上也可以绘制白色线条。

（6）线宽的设置和线条的密度也有着直接的关系，有些小图形（特别是CAD中的家具、设备等模块）虽然都设为细线，但打印出来看上去还是粗线，这种情况下应该对该图形过密的线条进行删减。根据打印比例来选择合适疏密程度的图形显得尤为重要，一般比例越大，图形中的细节可以越多（即线条越多），反之亦然。

7.1.4　平面图的类型与绘制要求

⊙ 平面布置图 ①

平面布置图是反映一个室内设计项目基本状况的图纸，应表达出其功能布局、空间形态、家具与陈设的摆放和平面设备设施的配置等，传递出比较多的综合性信息，可以说是一系列图纸中最基本也最不可或缺的一张图纸。图内表达以下内容：

（1）剖切到的墙、柱、门窗、隔断和固定构件等内容；

（2）家具、陈设品、窗帘及绿化等；

（3）各类设施与设备（马桶、台盆、浴缸、炉灶、水槽、电视机、冰箱、洗衣机、复印机、电脑和电话等）；

（4）文字信息（房间或区域的功能名称、必要的文字注释）；

（5）标注信息（轴号轴线、基本尺寸、地坪标高等）。

⊙ 地坪铺装平面图 ②

地坪铺装平面图是用以表达地面铺装材料与埋入设备的图纸，因此绘制时需要把所有要装修的地面完整地画出，填以对应的材料图样，并标出材料索引符号或者辅以简要的文字说明。图内表达以下内容：

（1）剖切到的墙、柱、门窗、隔断和固定构件等内容；

（2）各部位地坪铺装材料的材料名称或编号、规格及放样排版图；

（3）埋地式的各种设备，如埋地灯、暗藏光源、地插座等；

（4）地坪材料拼花或大样索引号；

（5）如有需要，表达出地坪装修所需的构造节点索引；

（6）地坪如有标高上的落差，需要节点剖切，则表达出剖切的节点索引号；

（7）标注信息（轴号轴线、基本尺寸、地坪标高等）。

□ 平面布置图示例

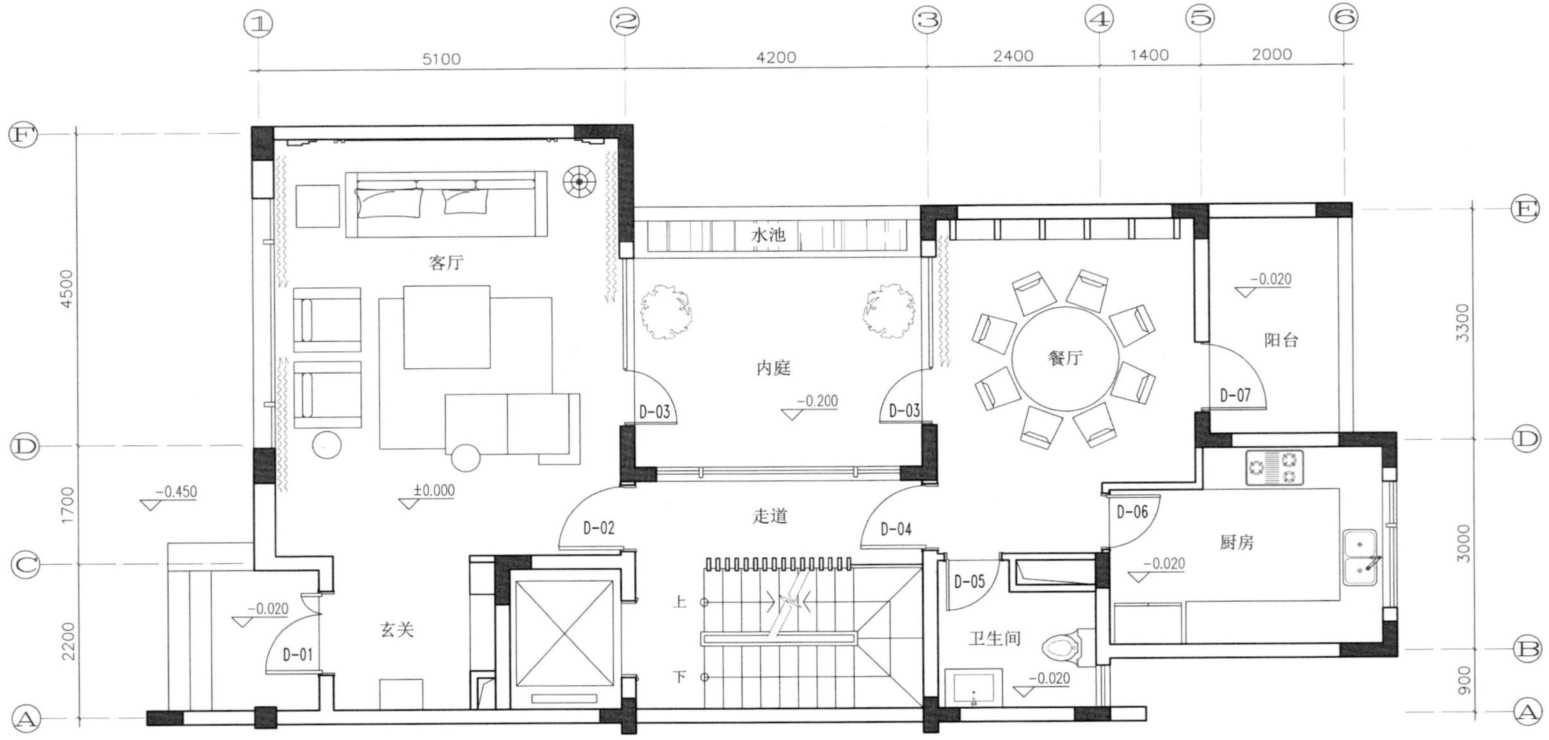

一层平面布置图 1:50

E D B A

3300 3000 900

6

2000

-0.020
阳台
D-07

厨房
-0.020

5

1400

D-06

4

D-05
卫生间
-0.020

2400

餐厅

3

D-03

D-04

水池 内庭 走道

-0.200

4200

上
下

D-03

2

D-02

客厅

5100

±0.000

玄关

1

-0.020
D-01

-0.450

F D C A

4500 1700 2200

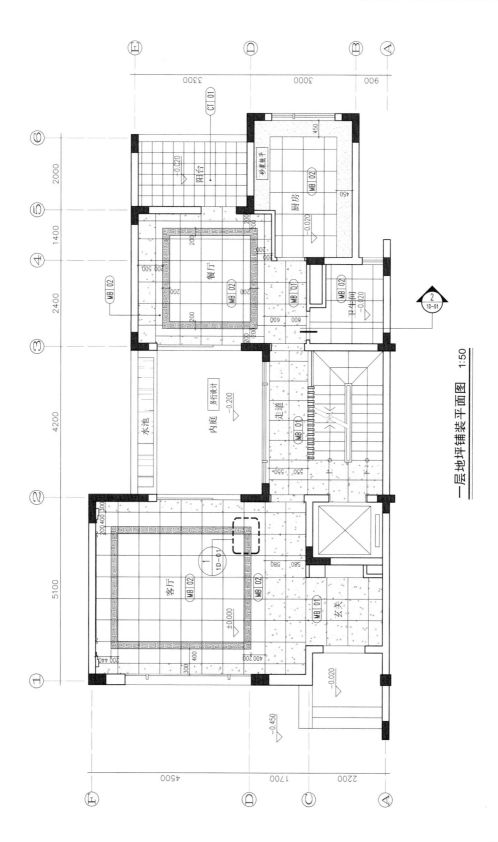

2 地坪铺装平面图示例

一层地坪铺装平面图　1:50

⊙ **家具平面布置图**

家具平面布置图是反映室内空间中家具的选用类型与摆放位置的图纸，家具的图例应与实际选用的家具尺寸相符，形式类同，通常在图纸中以索引符号进行表达，再附以详细清单。图内表达以下内容：

（1）各个家具的平面形状与具体尺寸；

（2）各个家具的索引号；

（3）家具摆放的定位尺寸。

⊙ **灯具平面布置图**③

在设计中如果平面和立面上布置了较多的灯具时，需要专门绘制灯具平面布置图进行表达，此图通常可与家具平面布置图合并绘制，合并的图纸中家具和灯具用各自的索引符号进行标示，并在后面附上详细的清单加以说明。图内表达以下内容：

（1）平面中的每一款灯光和灯饰的位置及图形；

（2）立面中各类壁灯、画灯、镜前灯的平面投影位置；

（3）暗藏于平面、地面、家具及设施中的光源；

（4）地坪上的埋地灯及踏步灯。

⊙ **立面索引图**④

立面索引图主要是在平面中完整地标示出各个（剖）立面的索引符号或剖切符号，便于通过本图的索引来查阅绘制的各个立面或者剖立面。立面索引图可以单独绘制，也可以和平面图合并绘制。图内表达以下内容：

（1）剖切到的墙、柱、门窗、隔断和固定构件等内容；

（2）各个立面、剖立面的索引号和剖切号，表达出平面中需要被索引的详图号；

（3）单独绘制时不表示任何活动家具、灯具、陈设品等；

（4）标注信息（轴号轴线、基本尺寸、地坪标高等）。

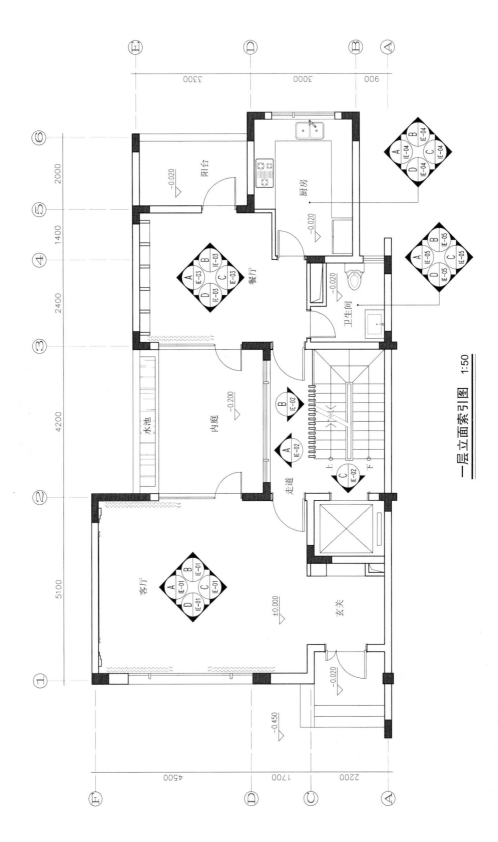

一层立面索引图 1:50

7.2 顶面图

7.2.1 顶面图的概念与作用

顶面图，全称应为室内镜像顶面图。与平面图的形成原理类似，也是假想用一水平面在房屋的中间高度位置对其进行剖切，不同的是移去下半部分后代之以一面巨大的镜子，从镜中看到反射出来的顶面投影。

室内顶面图表达的主要有两方面内容，一方面是顶面的造型、高低层次、饰面材料以及线角等；另一方面是各种设备设施的布置，包括灯具、送（回）风口、感烟探测器、消防自动喷淋、扬声器和窗帘等。

7.2.2 顶面图的分类

从室内空间界面的角度来看，顶面图是与平面图相对应的图纸，通常室内设计中顶面的内容和设计处理要比平面简单，因此一般项目图纸中只需绘制顶面布置图，但是复杂的项目或者为了图纸表达清晰，可以分成顶面布置图和顶面装修尺寸图，其区别在于顶面布置图中不进行尺寸标注（标高除外），便于完整地看清顶面的内容；而进一步的定位尺寸则在顶面装修尺寸图中详细标出。

7.2.3 顶面图笔宽常规设置

线型	线宽	选用宽度（mm）	适用内容
粗	b	0.4~0.6	墙、柱的剖切轮廓线
中粗	$0.7b$	0.3~0.4	形体突出构造的剖切轮廓线
中	$0.5b$	0.2~0.3	顶面可见线、门洞线、设备轮廓线、尺寸线、尺寸界线、索引符号、标高符号、引出线、电梯轿厢等
细	$0.25b$	0.1~0.15	图形和图例的填充线、线脚折面线、轴线、设备内部线、窗帘线等

7.2.4 顶面图的类型与绘制要求

⊙ **顶面布置图**[1]

顶面布置图在设计上应该与平面布置图有一定的对应关系，通常顶部的做法会从空间层面进行功能区域的划分与限定，甚至与家具、陈设等也有明确的对位关系。顶面布置图除了反映顶面的造型、高低层次以及具体的吊顶材料，还需要全面地体现安装在顶面的灯具、送（回）风口、感烟探测器、消防自动喷淋装置和扬声器等设施与设备，其中部分工作应该由相关专业的工程师来做技术配合，最终由室内设计师合成一张综合性的图纸。图内须表达以下内容：

（1）表达出剖切线以上的建筑与室内空间的造型及其关系；

（2）表达出平顶上的各类灯具（含剖切线以上的壁灯）；

（3）表达出窗帘及窗帘盒；

（4）表达出门、窗洞口的位置；

（5）表达出送（回）风口、感烟探测器、消防自动喷淋装置、扬声器和检修口等设备与设施；

（6）标示出顶面的标高与材质；

（7）顶面造型如有需要进行节点剖切，则表达出剖切的索引号；

（8）图例表。

⊙ **顶面装修尺寸图**[2]

顶面装修尺寸图是在顶面布置图的基础上添加上详细的尺寸标注而完成的，加以标注定位的主要是两部分内容，一部分是顶面的装修造型，需要标明其形状大小、具体位置等；另一部分是各类灯具，需要标示出所有灯具的定位尺寸。而送（回）风口、感烟探测器、消防自动喷淋装置等在顶面图上通常不进行尺寸标注，只体现其相对位置。图内表达以下内容：

（1）表达出剖切线以上的建筑与室内空间的造型及关系；

（2）表达出不同层次的吊顶及其造型，标示出其定位尺寸；

（3）表达出顶面的各类灯具，标示出各个灯具的定位尺寸；

（4）表达出窗帘、窗帘盒及窗帘轨道；

（5）表达出门、窗洞口的位置；

（6）表达出送（回）风口、感烟探测器、消防自动喷淋装置、扬声器、检查口等设备；

（7）注明顶面的装修材料；

（8）标示出顶面的标高关系；

（9）图例表。

1 顶面布置图示例

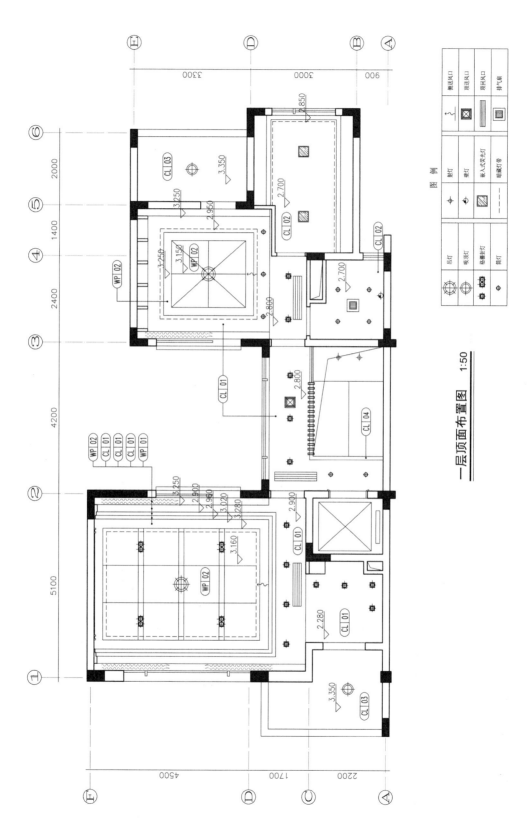

一层顶面布置图 1:50

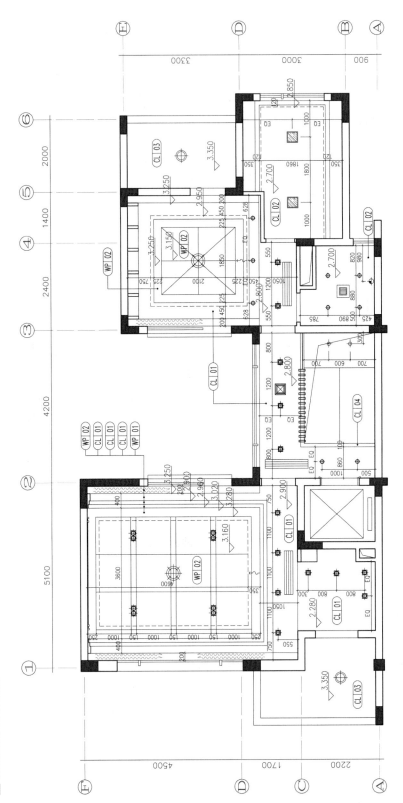

2 顶面装修尺寸图示例

一层顶面装修尺寸图　1:50

图　例

吊灯	射灯	侧送风口
吸顶灯	壁灯	顶送风口
格栅射灯	嵌入式灯光灯	顶回风口
筒灯	暗藏灯带	排气扇

7.3　电气配置图

7.3.1　电气配置图的概念与作用

电气配置图是用来表达室内设计中强电（220V及以上的电压）和弱电的设备安装和使用控制的图纸。强电的应用主要包括两部分内容，即照明系统和插座系统，涉及灯具与家用电器等的使用；弱电的应用主要包括网络、有线电视、电话等的信号传输。电气设计内容庞杂且专业度高，严格意义上这部分设计工作应该由专业工程师来完成，室内设计师来进行总体协调。一些简单的项目，特别是家装设计，室内设计师可以自己设计并绘制基本的电气配置图。

7.3.2　电气配置图的分类

基本的电气配置图可以分为插座平面图和开关连线图（完整的电气图纸不在本书的讨论范围）。其中插座平面图包括了强电和弱电两部分的插座配置情况，如常用的电源插座和网络、有线电视及电话等的插座，而开关连线图表达的是各种开关的线路控制情况，主要是照明灯具和其他一些需要电源控制的设备（如排气扇、浴霸、电动窗帘等）。

7.3.3　电气配置图笔宽常规设置

线型	线宽	选用宽度（mm）	适用内容
粗	b	0.4~0.6	墙、柱的剖切轮廓线
中粗	$0.7b$	0.3~0.4	形体突出构造的剖切轮廓线
中	$0.5b$	0.2~0.3	顶面可见线、门洞线、设备轮廓线、尺寸线、尺寸界线、索引符号、标高符号、引出线、电梯轿厢等
细	$0.25b$	0.1~0.15	图形和图例的填充线、线脚折面线、轴线、设备内部线、窗帘线等

注：绘制插座平面图时，为了表达清晰，一般不绘制家具；如果要体现家具位置，通常将所有的家具线条均设置为虚线，并进行灰度打印。

7.3.4 电气配置图的类型与绘制要求

⊙ **插座平面图** ⬚1

插座平面图反映的是各类插座（普通电源插座、空调电源插座、厨房电器插座、网络终端插座、有线电视插座、电话终端插座和环绕音响信号插座等）在墙面和地面上的配置位置，因此需要标出插座的定位尺寸（距离墙边的距离），墙面插座还需注明其安装高度。图内须表达以下内容：

（1）表达出剖切线以下的建筑与室内空间的造型及关系；

（2）注明与地面的标高关系；

（3）表达出强、弱电各种插座在平面上的位置并标示出定位尺寸；

（4）表达出配电箱及弱电信息箱等的位置及安装高度；

（5）如需要，墙面插座在图中注明其安装高度；

（6）图例表，除了符号注释外，可包含安装方式（明装或暗装）及安装要求（高度位置）等。

⊙ **开关连线图** ⬚2

开关连线图是体现各个开关与其所控制的用电设备之间线路连接关系的图纸，由于这些用电设备（照明灯具、排气扇等）通常都安装在顶面上，所以开关连线图一般在顶面布置图的基础上绘制。在具体绘制过程中，用弧线段（实线或者虚线）将控制开关和其所控制的所有设备连在一起，不同弧线段之间尽量避免交叉，如实在避免不了时，应在交叉处进行断开处理。图内须表达以下内容：

（1）表达出剖切线以上的建筑与室内空间的造型及关系；

（2）注明与顶面的标高关系；

（3）表达出开关种类及其位置；

（4）表达出开关与其所控制的灯具等之间的连线；

（5）注明开关的安装高度，如开关位置一样高，则可以统一注解；

（6）图例表，包括各类开关和灯具等设备的符号注释。

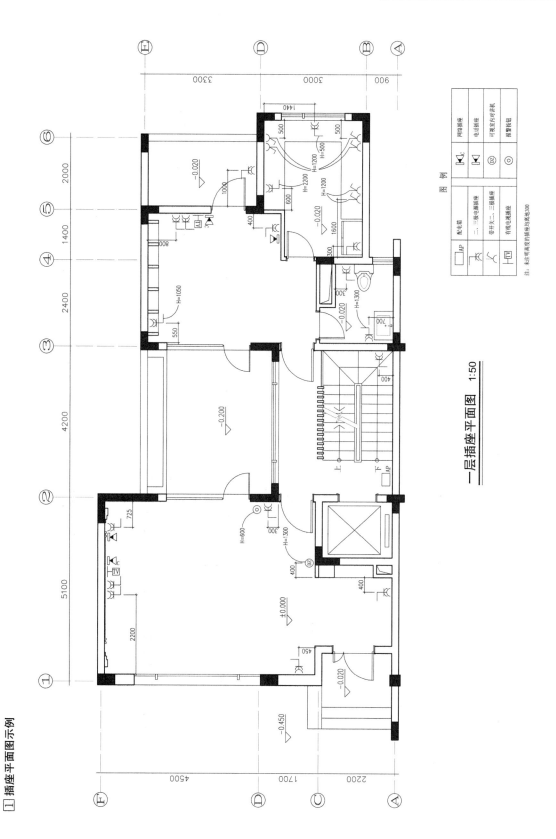

一层插座平面图 1:50

1 插座平面图示例

图　例

AP 配电箱	三级电源插座	带开关二、三极插座
三极插座	有线电视插座	
网络插座	电话插座	可视室内对讲机
报警按钮		

注：未注明高度的插座均离地300

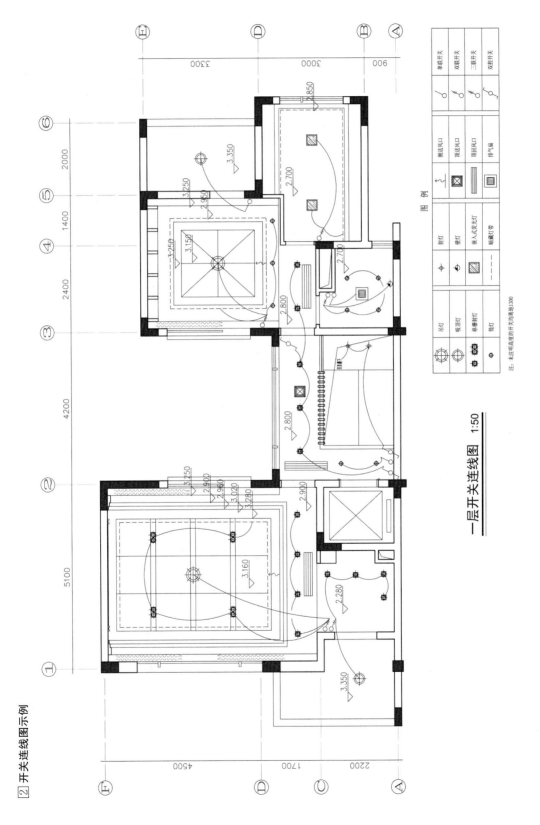

②开关连线图示例

一层开关连线图 1:50

图 例

吊灯	⊕	射灯	⟡	侧送风口		单联开关	✗
吸顶灯	⊕	壁灯	◀	顶送风口	☒	双联开关	✗
格栅射灯	⊕	嵌入式灯光灯	☒	顶回风口		三联开关	✗
筒灯	⊕	暗藏灯带	-----	排气扇	▭	双控开关	✗

注：未注明高度的开关均离地1300

136

7.4 立面图

7.4.1 立面图的概念和作用

立面图[1]是反映室内空间垂直界面（主要指墙面）做法的正投影图，需要表达出站在室内所看到的墙体层次、材质做法以及固定于墙体的构件、家具等内容。为了完整清晰地表达出建筑结构与所看到室内墙面之间的关系，通常会画剖立面图来取代立面图，即用一假设的竖直平面平行于某一墙面，对该室内空间进行剖切后所得到的从顶到地的该方向的正投影图。

（剖）立面图的作用是表达墙面的装修做法以及其表面附着物等，重点应该是画出墙面的凹凸层次、材料的拼接关系和规格特点以及墙面上的各种物体等，因此远离墙面的家具、陈设、绿化等物体在立面图上不应画出，而紧贴于墙面的上述物体可以进行表达，但绘制时宜选用虚线，从而不会对墙面形成遮挡。

剖切到的楼板、墙体等建筑实体应用粗线画出其断面，而对于剖切到的装修断面，可以用次粗线表达，内部的隐蔽工程（各种管道管线、吊杆、龙骨等）则无须表达。

（剖）立面图的具体位置和编号应由立面索引符号在平面图中标示清楚。对于立面图的命名，可按视向命名，在平面图中标注出所视方向。

7.4.2 立面图的图纸内容和绘制步骤

（1）确定图纸画幅，选择合适的比例，常用比例为1∶30，1∶40和1∶50。

（2）如果是立面图，可以根据平面图和顶面图，直接先画出所表达立面的外轮廓；而画剖立面图时，则是对房屋剖切后先画出土建结构（墙、楼板、梁、门洞、窗洞和踏步等）的断面形式，再画出顶面、地面及墙面的剖切饰面线，其内部构造做法无须表达。

（3）根据投视方向，画出该立面所表达的墙面装修内容以及附着的固定家具或构件等。由于活动家具、陈设或设备等往往会对墙面有所遮挡，影响对该墙面的完整描述，通常在施工图中不画，或者采用虚线形式。而在方案图中，由于强调的是整体效果，才画出靠近墙面的这些物体，来增加立面的层次感和表现力。

（4）进行详细的尺寸标注和材料说明（材料名称、做法或者材料编号）。

（5）如该立面有详图深化，则需标明节点剖切索引号或大样索引号。

7.4.3 立面图笔宽的常规设置

线型	线宽	选用宽度（mm）	适用内容
粗	b	0.4~0.6	墙、柱、楼板、梁等土建结构的剖切轮廓线
中粗	$0.7b$	0.3~0.4	非土建造型（如吊顶、柜体、隔断等）的剖切轮廓线
中	$0.5b$	0.2~0.3	主要的投影可见线（如门窗及门窗套的轮廓线、各体面或物体的轮廓线、材质的分缝线等）
细	$0.25b$	0.1~0.15	表现材质纹理的填充线、细小线脚的转折线、各种小构件（龙头、把手、金属搁架等）和陈设品的造型线、轴线、折断线、窗帘线等

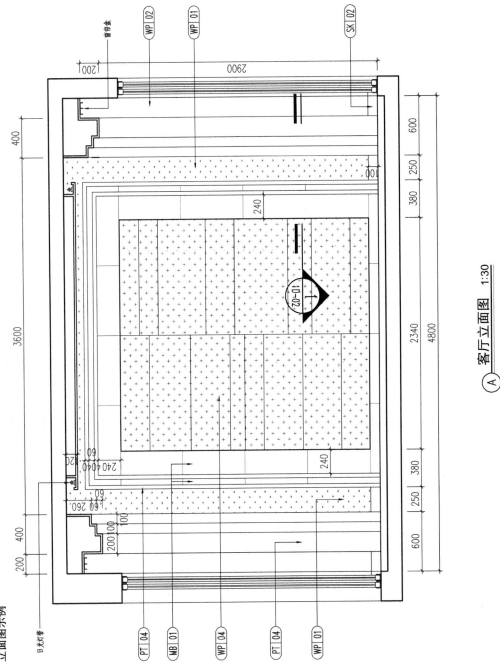

□ （剖）立面图示例

Ⓐ 客厅立面图 1:30

WP 02
WP 01
SK 02

窗帘盒

PT 04
MB 01
WP 04
PT 04
WP 01

B光灯带

7.5 详图

7.5.1 详图的概念和作用

详图是一套完整施工图的必要组成部分，是用以描述局部设计细节、指导施工工艺做法的图纸，表达的是各种材料的组合关系及构造层次。根据表达的内容不同，详图分为大样图、节点图和断面图三种类型。

绘制详图需要设计师熟悉材料的规格尺寸和构造做法，并从设计层面上处理好材料的收头或衔接关系。因此对于详图的掌握，应更加注重实践性学习，同时也应归纳一些常用的详图（尤其是节点大样）的画法，因为室内详图往往集中关注于一些特定的部位，如门窗套、顶地墙的变化处、固定台柜等。

7.5.2 详图的分类

⊙ **大样图** 1

即局部放大比例的图样。在原本的整图（如平面、立面或顶面等）中由于比例比较小，无法清晰表达，而单独将其用大比例（1:1，1:2，1:3，1:4，1:5，1:10等）绘制出来。

绘制时首先要在原图中注明详图索引符号，然后对截取出的部分选择合适的放大比例。图纸中要注明详细的尺寸、材料以及做法说明。

⊙ **节点图** 2

反映某局部构造做法的剖切图。节点图反映的部位通常是多个材料结合或不同面交汇的地方，对此部位剖切后，不仅应表达出面层材料的交接方式，还应体现其内部施工的构造层次。节点图常用的比例为1:1，1:2，1:4，1:5等。

⊙ **断面图** 3

对整个物体（如完整的柜体、从地到顶的墙体饰面等）进行剖切后，绘制的反映其连贯做法的图纸，断面图的比例通常为1:5，1:10，且常常会用折断线对图本身进行省略压缩。如需对局部进行放大表示时，可以再从中引出节点详图。

7.5.3 详图笔宽的常规设置

线型	线宽	选用宽度（mm）	适用内容
粗	b	0.4~0.6	墙、柱、楼板、梁等土建结构的剖切轮廓线
中粗	$0.7b$	0.3~0.4	材料、构件等的剖切外轮廓线
中	$0.5b$	0.2~0.3	投影可见线、材料分层线、尺寸标注、索引符号等
细	$0.25b$	0.1~0.15	表现材质纹理的填充线、粉刷线、折断线等

1 大样图示例

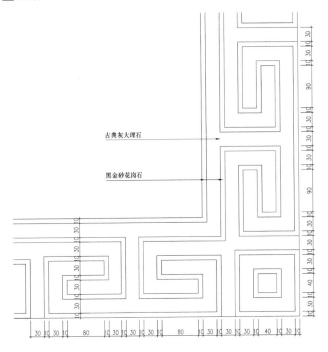

古典灰大理石

黑金砂花岗石

客厅地面马赛克拼花详图 ① 1:4

2 节点图示例

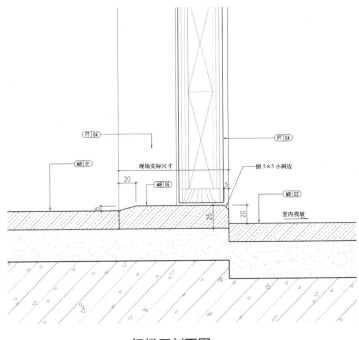

PT 04
MB 01
现场实际尺寸
MB 06
倒5×5小斜边
PT 04
MB 02
室内找坡

门槛石剖面图 ① 1:2

3 断面图示例

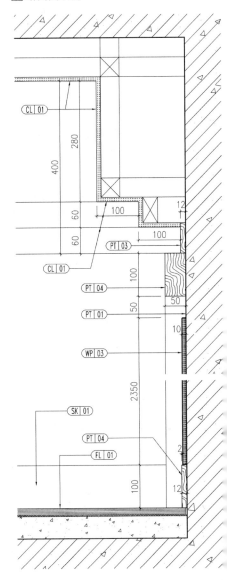

CL 01
PT 03
CL 01
PT 04
PT 01
WP 03
SK 01
PT 04
FL 01

主卧室背景墙断面图 ① 1:5

7.6 图表

7.6.1 图表的概念和作用

图表是设计图纸的有机组成部分。除图纸目录外，主要是对图纸中的各类设计要素（材料、灯具、灯饰、家具、洁具、陈设品和五金等）进行分门别类的汇总，并以图表的方式详细描述。它所采用的编号与图纸一一对应，便于图纸表达时省略掉此类信息，以保证图面的简练、清晰。

绘制一套完整的室内设计图纸（除图纸目录外），是否需要提供上述各类图表，应视设计要求和设计深度而定。通常材料和灯具的选择最影响设计的整体效果，如果在图纸中未进行详细说明的话，则必须提供材料表和灯具表（可分为灯光图表和灯饰图表）；洁具和各种五金的选用体现着设计的细节，要求高的设计应该由设计师提供洁具表和五金表。家具、陈设品等则完全属于软装的范畴，与之对应的家具表和陈设品表应该是由软装设计来提供。

7.6.2 图表的分类

室内设计的图表主要包括图纸目录表、材料表、门窗图表、灯光图表、灯饰图表、家具表、洁具表、陈设品表和五金表等。

⊙ 图纸目录表 [1]

该表反映了全套图纸的详细组成，罗列出其排列顺序、图纸编号以及图纸名称等信息。

图纸目录表通常分为表头和表格两部分，表头部分一般包括项目名称、工程编号、设计单位和日期等基本项目信息，而表格的基本栏目则包括序号、图纸编号、图纸名称、图幅和修订版次等。用于晒制蓝图的图纸目录表一般选用A4幅面，以便放置于折叠后的蓝图之上。

图纸目录

项目名称	**住宅小区B1型样板房室内设计						
设计单位	**室内设计有限公司						
工程编号	G06367			日期		2010.3.14	
序号	图纸编号	图纸名称	图幅	序号	图纸编号	图纸名称	图幅
01	I-1	设计说明	A3	24	2F-05	二层顶面布置图	24
02	I-2	材料表	A3	25	2F-06	二层顶面装修尺寸图	A2
03	I-3	灯具表	A3	26	2F-07	二层插座平面图	A2
04	I-4	家具表	A3	27	2F-08	二层开关连线图	A2
04	BF-01	地下室平面布置图	A2	28	BE-01	地下室视听室立面图	A2
05	BF-02	地下室地坪铺装平面图	A2	29	BE-02	地下室工作间立面图	A2
06	BF-03	地下室家具灯位平面布置图	A2	30	1E-01	一层客厅立面图	A2
07	BF-04	地下室立面索引图	A2	31	1E-02	一层走道立面图	A2
08	BF-05	地下室顶面布置图	A2	32	1E-03	一层餐厅立面图	A2
09	BF-06	地下室顶面装修尺寸图	A2	33	1E-04	一层厨房立面图	A2
10	BF-07	地下室插座平面图	A2	34	1E-05	一层卫生间立面图	A2
11	BF-08	地下室开关连线图	A2	35	2E-01	二层主卧室立面图	A2
				36	2E-02	二层书房立面图	A2
12	1F-01	一层平面布置图	A2	37	2E-03	二层次卧室立面图	A2
13	1F-02	一层地坪铺装平面图	A2	38	2E-04	二层主卧卫生间立面图	A2
14	1F-03	一层家具灯位平面布置图	A2	39	2E-05	二层次卧卫生间立面图	A2
15	1F-04	一层立面索引图	A2				
16	1F-05	一层顶面布置图	A2	43	BD-01	地下室详图	A2
17	1F-06	一层顶面装修尺寸图	A2	44	BD-02	地下室详图	A2
18	1F-07	一层插座平面图	A2	45	1D-01	一层详图	A2
19	1F-08	一层开关连线图	A2	46	1D-02	一层详图	A2
				47	1D-03	一层详图	A2
20	2F-01	二层平面布置图	A2	48	2D-01	二层详图	A2
21	2F-02	二层地坪铺装平面图	A2	49	2D-02	二层详图	A2
22	2F-03	二层家具灯位平面布置图	A2	50	2D-03	二层详图	A2
23	2F-04	二层立面索引图	A2	51	DR-01	门图表	A2

⊙ **材料表**

材料表列出设计中具体的材料选用及做法情况，是阅读图纸时进行材料检索的表格。

表格的基本栏目分为材料编号、材料名称、型号规格和使用部位等，有时需根据材料的特点给予必要的特征和做法描述。有的表格中还会包含供应商的信息栏（注明公司名称、联系人与联系电话等），便于精确到设计师所挑选的材料。

② 常用材料编号中英文对照表

缩写编号	英文全称	中文
CA	Carpet	地毯
CL	Ceiling Line	天花板
CT	Ceramic Tile	瓷砖/人造石/马赛克
FA	Fabric	布饰面/窗纱/窗帘
FL	Floor Line	楼地板
GL	Glass	玻璃/镜子
LP	Laminated Plastic	防火板
LT	Leather	皮革
MA/MB	Marble	大理石
MT	Metal	金属
PT	Paint	乳胶漆/油漆
SK	Skirtboard	踢脚板
ST	Stone	花岗岩/大理石/玉石
WC	Wall Covering	墙面饰材
WD	Wood	实木
WP	Wallpaper	墙纸
WV	Wood Veneer	木饰面/胶合板

材料表

编号	型名	位置	品牌/供应商	备注
CL-01	轻钢龙骨纸面石膏板吊顶/面罩PT-01		承建商提供	
CL-02	轻钢龙骨防水石膏板吊顶/面罩PT-02	厨房、卫生间	承建商提供	
CL-03	原楼板顶面/面罩PT-01		承建商提供	
CL-04	装饰面WV-01	楼梯间、书房	承建商提供	
FL-01	红橡实木复合地板/1200×150×15	主卧室、次卧室、书房	圣象	
CT-01	米白色面砖/300×300	卫生间、阳台、工作间	冠军	型号600443
CT-02	草席纹银色墙面砖/900×600	厨房	GET置砖廊	
GL-01	5厚镜面玻璃	卫生间	承建商提供	
GL-02	12厚钢化玻璃	楼梯间	承建商提供	
PT-01	乳白色乳胶漆		承建商提供	
PT-02	乳白色防水乳胶漆	厨房、卫生间	承建商提供	
PT-03	黄绿色仿大理石漆	主卧室	承建商提供	
PT-04	乳白色木作喷漆	客厅、主卧室	承建商提供	
MB-01	灰色木纹石/18厚	客厅、餐厅、走道、玄关	承建商提供	
MB-02	水晶白大理石/18厚	客厅、餐厅、厨房、卫生间	承建商提供	
WP-01	深咖啡色墙布	客厅	Derrfay	型号P111
WP-02	浅咖啡色墙布	客厅、餐厅	Derrfay	型号P3104
WP-03	深咖啡色方格纹人造皮革硬包	主卧室、视听室	Kaiser	型号34W0930
WP-04	墨绿色皮纹硬包	客厅	Kaiser	
WV-01	深色科技木饰面/实木/亚光硝基漆	餐厅、走道	承建商提供	
WV-02	深胡桃木饰面/实木/亚光硝基漆	主卧室、书房	承建商提供	
SK-01	深胡桃木线踢脚/12厚/亚光硝基漆	主卧室、书房	承建商提供	
SK-02	乳白色木作踢脚/12厚/亚光硝基漆	客厅、次卧室	承建商提供	

⊙ 门窗图表

门窗图表是以图与表相结合的方式反映设计中各种门窗的类型及做法。其中图样部分主要是立面图（也可结合节点图），须表现出门窗扇及门窗套的详细尺寸和材料做法；表格部分须罗列出门窗的编号、所在位置、规格尺寸、材料做法及五金件的选用情况等。

4 门窗图表

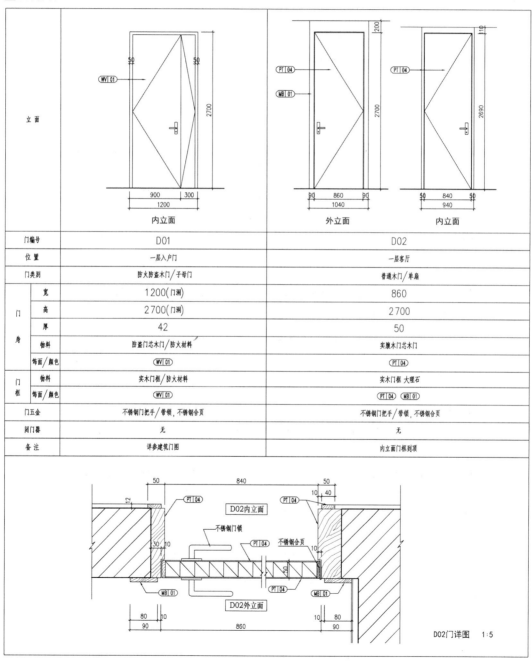

⊙ 灯光图表⑤

灯光图表反映了设计中对所使用灯光的选用情况，其中包含了对各种光源及其器具的详细描述。

光源的类型主要包括：白炽灯、荧光灯、紧凑式荧光灯（俗称节能灯）、卤素灯、LED灯和霓虹灯等。

灯光图表中所列出的灯光，通常还包括和光源配备在一起的功能性或结构性器具。其类型主要包括：（明或暗）筒灯、（吸顶式、导轨式或格栅）射灯、格栅灯和埋地灯等，侧重于照明的实用功能（包括营造视觉环境、限制眩光等），较少考虑装饰功能，造型简单，结构牢固。

该图表的基本栏目包括光源的平面图例、编号（以"LT"为字母代号）、名称、型号规格、安装方式及光源描述（类别、功率、色温、显色性等）。

有些灯具还涉及安装尺寸等重要技术数据，也可以从产品资料中获取其相应的示意图，并添加至表格中。

⑤ 灯光图表

灯光表					
编号	名称	位置	品牌/型号	光源描述	备注
LT-01	暗灯带	全屋	Philips	T5灯管/色温3 000K	
LT-02	嵌入式格栅射灯	玄关、客厅等	方玛/5465-11	50W/白色边框/可调角度	
LT-03	防雾筒灯	卫生间	甲方自定	Ø 120mm /白色边框/磨砂玻璃面盖	
LT-04	嵌入式石英射灯	楼梯间等	Philips/QBS10508	50W/白色边框/可调角度	
LT-05	格栅灯	书房	Philips	日光灯管/色温4 000K/银色边框	
LT-06	暗筒灯	全屋	甲方自定	节能灯管/9W/色温3 000K	
（以下内容本书省略）					

⊙ 灯饰图表⑥

用以反映设计中所选灯饰的一览表。通过表格可以了解这些造型灯饰的类别与使用部位，便于后期的购置与安放。

灯饰指的是有装饰功能的灯具，按其安装部位的不同可分成落地灯、台灯、壁灯、吸顶灯、床头灯、门灯和吊灯等；按材质不同可以分为水晶灯、布艺灯、石材灯和玻璃灯等。

该图表的基本栏目包括灯饰的编号（以"LL"为字母代号）、名称、安放位置、详细描述（尺寸、材质、功率等）及实物图片，具体选样的灯饰还应该注明品牌、型号甚至供应商的联系方式。

灯饰的选用涉及比较多的造型内容，信息量大，有时需要对每个灯饰进行单独列表说明。

灯光图表和灯饰图表也可以合并在一起绘制，统称为灯具图表。在设计图纸中灯具图表一般需要单独绘制，如果项目比较简单，也可以用附表的形式放在顶面图中。

6 灯饰图表

灯饰表	
编号	LL-01
名称	落地灯
位置	客厅
品牌/供应商	略
灯具描述	灯罩直径：420mm；灯罩饰面：金属，高光面，黑色；灯罩内部哑白色。 底座直径：350mm；底座饰面：金属，高光面，黑色。 灯具高：1 500mm 灯泡：1×150W
图片	

⊙ **家具图表** 7

用以反映设计中所选家具的图表，须详细描述家具的尺寸、材质等基本特征，通常配以图片加以说明。

该图表的基本栏目包括家具的编号、名称、摆放部位、数量、规格尺寸和材质等，有时还会包括品牌及供应商的联系信息。

针对每一个家具，可以另附单独的图表加以补充，内容可包括图片、摆放位置、家具各个部位的材料选用情况（如桌椅面、桌椅腿、沙发罩面和橱柜面板等）等。

⊙ **洁具图表** 8

用以反映设计中所选卫浴产品（台盆、马桶、浴缸和淋浴设施等）的图表，可以配以图片加以说明。

该图表的基本栏目包括洁具的名称、品牌型号、使用部位和数量等，有时也包括供应商的联系信息。

针对每一个洁具，可以另附单独的图表加以补充。内容可包括图片、详细尺寸、安装技术要求等，便于在选用时能全面了解和掌握，这些数据通常都可以在厂家的产品资料或官方网站上获取。有些厂家在网站中还提供该产品的CAD图纸文件，便于设计师在绘制图纸时直接调用。

家具表

一层家具

编号	名称	位置	W宽×D深×H高（mm）	数量	备注
F-01	鞋柜	玄关	600×420×1000	1	
F-02	圆茶几	客厅	$\phi=400$，$H=550$	2	
F-03	两人沙发	客厅	1 870×1 010×700	1	
F-04	单人沙发	客厅	930×930×700	2	
F-05	方茶几	客厅	1 200×1 200×400	1	
F-06	角几	客厅	600×600×450	1	
F-07	三人沙发	客厅	2 800×930×700	1	
F-08	圆餐桌	餐厅	$\phi=1 500$，$H=800$	1	
F-09	餐椅	餐厅	450×600×450	8	

8 洁具表

洁具表

编号	名称	位置	品牌	型号、规格	数量	备注
01	坐便器	地下室卫生间	TOTO	CW436GB	1	
02	脸盆	地下室卫生间	TOTO	LWN239B/CB/CFB+LWN239FRB	1	立柱式
03	坐便器	一楼卫生间	TOTO	CW166B/PB	1	
04	浴室柜	一楼卫生间	TOTO	LBKW702W/LBKW702M	1	白色/木纹色
05	坐便器	二楼主卫生间	科勒	圣拉菲尔K-3722T	1	
06	脸盆	二楼主卫生间	科勒	贝卡夫K-2319	2	台下盆
07	浴缸	二楼主卫生间	科勒	碧欧芙K-8277T	1	粉桃色
08	坐便器	二楼次卫生间	科勒	佩斯格K-17506T-H	1	
09	脸盆	二楼次卫生间	科勒	艾思格尔K-19799W	1	挂墙式

⊙ 陈设品表

用以反映软装部分关于陈设品选用的一览表，一般需要配以图片或图例指定或备注说明。

该表格的基本栏目包括陈设品的编号、名称、摆放位置、参照图、尺寸及数量。这里的陈设品类型主要包括挂画、艺术品、摆件和盆栽等。表格中的摆放位置只作粗略的表述，具体定位需要相关图纸标明，或者由设计师现场定位。

⊙ 五金表

用以反映设计中所选用的各种五金配件的一览表，一般需要配以图片指定或备注说明。

该表格的基本栏目包括五金件的编号、名称、型号、所用部位、数量以及品牌等，有时也包括供应商的联系信息。

室内设计中涉及的五金配件类型很多，如门锁、门拉手、门吸、合页、卫浴中的金属置物架、厨房里的置物架、晾衣架、橱柜拉手及地漏等，材质通常为铜、不锈钢、锌合金和太空铝等金属。

7.7　施工图设计说明 ①

7.7.1　施工图设计说明的概念和作用

在一套完整的室内设计施工图中，紧跟在图纸目录表之后的便是施工图设计说明。它对该项目的基本概况作出简要介绍，阐明设计所遵循的依据，对主要的施工做法提出明确的要求，并对图纸问题作出必要的说明，是设计师确保项目顺利实施而用以指导施工过程的文字论述。

7.7.2　施工图设计说明的内容

施工图设计说明主要包括工程概况、设计依据、施工说明及图纸说明四部分内容，具体如下。

⊙ **工程概况**

（1）工程项目名称；

（2）项目地理位置、项目规模、建筑状况（结构类型、楼层等）和本项目工作范畴等。

⊙ **设计依据**

（1）建筑基本资料（原始建筑图纸、实际测量图纸及现场勘察记录等）；

（2）业主方设计要求（业主提供的设计任务书、会议纪要及会谈内容等）；

（3）国家、地方或行业的相关法规及规定（消防设计、材料控制、施工技术及质量验收等方面）。

⊙ **施工说明**

（1）材料选用原则（类型、规格、等级、技术参数及相关的材料处理方式）；

（2）施工工艺要求，主要指顶、地、墙、隔断和各种设施在施工方面应注意的事项及满足的工艺要求。

⊙ **图纸说明**

（1）阐明阅读图纸时应遵循的基本规则；

（2）明确当遇到图纸中可能出现问题或不明之处时应采用的解决方法。

1 施工图设计说明示例

一、工程概况

**住宅小区样板房室内设计工程

本项目为联排别墅的B1型样板房，建筑面积约为270平方米，共分首层、地下层、二层等三个楼层。

二、设计依据

1. 由甲方提供的建筑平面施工图。

2. 工程现场踏勘记录。

3. 设计与施工规范：

《建筑装饰工程施工及验收规范》（JGJ 73-91）

《建筑内部装修设计防火规范》（GB 50222-2017）

《建筑电气安装工程质量检验评定标准》（GBJ 303-88）

装饰工程施工的标准做法及常规方式

三、施工说明

（一）主材料的说明

1. 石材：石料本身不得有隐伤，风化等缺陷，磨光度达到95°以上，厚度要基本一致。

2. 木夹板：选用进口或国内合资厂生产的AA级木夹板，刷防火涂料。

   木方：选用与表面饰板相同纹理及相同颜色的A级产品，含水率要控制在15%以内，刷防火涂料。

3. 装饰地毯：所有进口及国产地毯均要达到三防的性能（防火、防静电、防潮）。

4. ICI及聚氨酯漆，均为进口哑光漆（除个别的地方外）。

5. 天花材料：选用轻钢龙骨石膏板吊顶时，不上人吊顶的轻钢龙骨应采用50系列，上人吊顶的轻钢龙骨必须采用60系列以
   上，以防止变形。

   凡是异型的造型，采用木龙骨夹板天花，刷防火涂料。

（二）施工工艺的要求

1. 花岗石、大理石墙面与地面的平整度公差为±2mm（2m直径）。凡是浅色的花岗石或大理石（如莎安娜米黄、雅士白等），
   在贴以前都要做防浸透处理。

2. 所有木夹板的天花、隔墙、墙裙等，都要进行防火处理。

3. 所有外墙内侧的墙面、洗手间、淋浴间等的内墙均要进行防水处理。

4. 所有镜面与墙面拼接处不能用镜钉安装，要以双面胶及中性玻璃胶贴合。

5. 所有天花中石膏板与木夹板拼合处及其他可能发生开裂处均以绷带做防裂处理。

四、图纸说明：

1. 本套图纸所注尺寸均为mm，所注标高为m。

2. 图中相对标高±0.00，为所在楼层地坪完成面的标高。

3. 所有未出详图的家具、灯饰由甲方定购，式样应符合设计格调。

4. 工艺品的选择、定做，只做示意并提要求，具体由甲方选购。

5. 墙体及门窗洞口尺寸定位，除标注外，均同原建筑设计。

6. 图纸上的比例是相对准确的，如发现个别尺寸未标注，可由设计单位出书面通知。所有尺寸必须进行现场核对，如有不符，应由
   设计师现场调整。

7. 图纸上标注的材料与清单有矛盾时，以清单为准。

参考书目

[1] 高祥生.《房屋建筑室内装饰装修制图标准》实施指南［M］.北京：中国建筑工业出版社，2011.

[2] 李一.室内设计工程制图［M］.北京：北京大学出版社，2013.

[3] 叶铮.室内建筑工程制图［M］.北京：中国建筑工业出版社，2004.

[4] 刘文晖.室内设计制图基础［M］.北京：中国建筑工业出版社，2004.

[5] 莫林·米顿.室内设计视觉表现［M］.陆美辰，译.上海：上海人民美术出版社，2013.

[6] 斋腾·武.室内装饰手法［M］.孙逸增，汪丽芬，译.沈阳：辽宁科学技术出版社，2000.

图书在版编目（CIP）数据

图说室内设计制图 / 张峥等著. -- 2版. -- 上海：同济大学出版社，2023.6

（图说建筑设计 / 宗轩，江岱主编）

ISBN 978-7-5765-0616-7

Ⅰ.①图… Ⅱ.①张… Ⅲ.①室内装饰设计—建筑制图—图解 Ⅳ.①TU238-64

中国国家版本馆CIP数据核字（2023）第001795号

首届全国教材建设奖获奖教材

图说室内设计制图（第2版）

张峥　华耘　薛加勇　赵思嘉　著

出 品 人　金英伟

责任编辑　姚烨铭

责任校对　徐春莲

封面设计　张　微

出版发行　同济大学出版社　www.tongjipress.com.cn

　　　　　　（地址：上海市四平路 1239 号　邮编：200092　电话：021-65985622）

经　　销　全国各地新华书店

印　　刷　常熟市华顺印刷有限公司

开　　本　789mm×1092mm　1/16

印　　张　10

字　　数　250 000

版　　次　2023 年 6 月第 2 版

印　　次　2023 年 6 月第 1 次印刷

书　　号　ISBN 978-7-5765-0616-7

定　　价　58.00 元